北京电影学院摄影学院专业教材

网络短视频
案例类型分析

宋 靖 毕 贺 编著

中国摄影出版传媒有限责任公司
China Photographic Publishing & Media Co., Ltd.
中国摄影出版社

图书在版编目（CIP）数据

网络短视频案例类型分析 / 宋靖，毕贺编著 . -- 北京：中国摄影出版传媒有限责任公司，2024.3
ISBN 978-7-5179-1388-7

Ⅰ.①网… Ⅱ.①宋… ②毕… Ⅲ.①视频制作 Ⅳ.① TN948.4

中国国家版本馆 CIP 数据核字 (2024) 第 033973 号

网络短视频案例类型分析

作　　者：宋　靖　毕　贺
出 品 人：高　扬
责任编辑：郑丽君
装帧设计：冯　卓
出　　版：中国摄影出版传媒有限责任公司（中国摄影出版社）
　　　　　地址：北京市东城区东四十二条 48 号　邮编：100007
　　　　　发行部：010-65136125　65280977
　　　　　网址：www.cpph.com
　　　　　邮箱：distribution@cpph.com
印　　刷：北京科信印刷有限公司
开　　本：16 开
印　　张：13.75
版　　次：2024 年 12 月第 1 版
印　　次：2024 年 12 月第 1 次印刷
ISBN　978-7-5179-1388-7
定　　价：89.00 元

版权所有　侵权必究

自 序

作为一位研究影像学的高校摄影教育工作者，我深知知识的力量和责任。《网络短视频案例类型分析》一书的编写，旨在将学术研究的成果转化为实践中的指导原则，为短视频创作和发展贡献我们的一份力量。希望这本书能够成为短视频创作者们的参考指南，帮助他们在创作的道路上不断前行，同时也为所有对短视频文化感兴趣的读者提供深入洞察和理解的路径。

作为一种新兴的传播媒介，在数字时代风起云涌的当下，网络短视频迅猛的发展速度和广泛的社会影响力，使得对其的专业梳理和分类工作显得尤为重要。

本书的编写旨在对短视频的各种类型进行归纳和普及，以为短视频创作者们提供一个系统的理论框架，或者说坐标。通过深入分析和研究，我们希望能够揭示短视频内容创作的内在规律，为创作者们提供实际操作的理论支持，引导他们能够更加有意识地选择和创作内容，以提升自己短视频作品的质量和影响力。同时，我们也期望本书能够对中国短视频的良性发展起到积极的推动作用。

首先，本书为短视频创作者们提供了一个清晰的内容创作和分类框架。在海量的短视频内容中，创作者往往容易迷失方向，不知如何定位自己的作品。本书通过系统的类型研究，旨在帮助创作者们理解各种短视频形式的特点和受众偏好，从而更有针对性地创作出既符合市场需求又具有个人特色的内容。

其次，本书的研究成果将能够促进短视频创作的专业化和系统化。通过阅读书中对短视频类型的深入分析，网络短视频创作者不仅能够获得关于内容创作的具体指导，还能够加深对短视频艺术形式的理解和把握。这不仅有助于提升创作者的创作水平，也有助于行业创作质量的整体提升，进而推动短视频艺术的专业化发展。

最后，本书还旨在激发更多的创新和探索。通过对现有短视频类型的归纳和分析，我们不仅总结了当前的创作趋势，也为未来的创新开辟了道路。创作者们可以在现有类型的基础上，结合自身的创意和技术，探索更多新的可能性，从而不断丰富和发展短视频这一艺术形式。

综上所述，对于短视频创作领域来说，本书的出版不仅是对当前状况的总结和梳理，更是对未来发展的启示和指导。它不仅为创作者们提供了宝贵的知识资源、框架定位和灵感来源，也期待为整个短视频行业的健康、创新和可持续发展贡献力量。

宋　靖

目 录

前　言　　8

第一章　艺术通俗化的历史发展延承　　10
第一节 短视频是艺术通俗化和时代发展的必然产物　　11
第二节 循迹文学发展脉络，影像表达方式逐渐通俗化　　20
第三节 危机还是机遇　　22

第二章　中外互联网领域与网络短视频发展阶段简史　　24
第一节 中国互联网的史前时代　　25
第二节 网络短视频兴起的前时代：互联网音频传播时代　　28
第三节 网络视频和网络短视频平台发展的时代　　30

第三章　网络短视频的综合探讨　　36
第一节 网络短视频的定义　　37
第二节 网络短视频火爆的原因　　39
第三节 网络短视频平台的分类　　42
第四节 网络短视频的特点及其优势　　46
第五节 短视频行业目前存在的问题　　48

第四章 网络短视频的账号运营　　50

第一节 短视频平台的审核与算法推荐机制　　51
第二节 首次注册和使用短视频作品账号的方法　　53
第三节 网络短视频平台可以为我们带来什么样的效益　　55
第四节 选择自己擅长的模式来做网络短视频账号　　56

第五章 影像画幅演变简史（横屏与竖屏影像的传承）　　58

第六章 网络短视频内容的分类与优秀案例分析　　68
（以抖音为例）

第一节 政务、资讯、新闻类内容　　71
第二节 搞笑类内容　　77
第三节 影视作品剪辑、动画、游戏类内容　　82
第四节 各类宣传、艺人类内容　　86
第五节 美食类内容　　89
第六节 产品种草类、直播带货类内容　　95
第七节 大宗商品内容（以汽车类短视频内容为例）　　99
第八节 宠物类内容　　101
第九节 旅行、国内外生活类　　103
第十节 知识分享、教育类　　106

第七章 国内外高端短视频案例分析　　108
第一节 张艺谋导演团队竖屏美学系列微电影（2020）　　109
第二节 《特技替身》（2020）　　116
第三节 《悟空》（2019）　　126
第四节 《生活对我下手了》（2018）等　　134

第八章 网络短视频剪辑软硬件讲解　　138
第一节 网络短视频剪辑软件讲解　　139
第二节 短视频的影视创作器材收录　　163

附录1："DOU艺计划"，以及"短视频、直播与生活美学"
　　　　论坛摘编　　199
附录2：《网络短视频平台管理规范》　　206
附录3：修订版《网络短视频内容审核标准细则》（2021）　　209

后　记　　217

前　言

《中国美好生活大调查》（前身为《中国经济生活大调查》）是中央广播电视总台财经节目中心、国家统计局、中国邮政集团公司联合创办的年度调查品牌，自2005年起每年面向全国发放10万张明信片问卷，调查10万户中国家庭的生活感受、经济状况、消费投资预期、民生困难和幸福感等，问卷回收率高达86.6%。

近年来，这一大调查的社会影响力正伴随大数据时代的到来被激发，调查数据报告已经正式被中国国家图书馆典藏收录，调查数据结果向全社会开放。《中国美好生活大调查（2020—2021）》年度调查数据显示，2020年中国人平均每天多了24分钟休闲时间，其中有38.28%的人选择了手机娱乐。该大调查在网络上进一步的调查中发现，排在手机娱乐活动前三位的是：刷短视频、打游戏和追剧观影。短视频成为人们"消磨时间"的第一利器，而且女性刷短视频的比例要高于男性。

同样，国家版权局2021年6月1日发布的《中国网络版权产业发展报告（2020）》显示，2020年我国网络版权产业市场规模首次突破1万亿元，网络短视频用户规模达8.73亿。中国移动网民每日超过1/4的时间在使用短视频应用。显然，2020年前后由于时常出现的居家隔离和直播电商的勃兴，这个数字一直处于不断增长的状态。

这些有力的大数据调查无一不在证明着网络短视频已成为图文和语音之外的移动互联网"第三语言"。因此，总结网络短视频的历史延承和发展方向，研究优秀网络短视频的内容和创作方法，逐渐成了当代学习影像的学生们的必修课。我们觉得有必要深入理解并研究这个现象，于是便有了这本书。

本书主要研究中国网络短视频的各种类型，试图为读者揭示短视频背后的社会文化动态，以及网络短视频如何塑造我们的交流方式和社会生活。我们将研究短视频如何从简单的娱乐工具，变成了具有教育、新闻传播、商业营销等多种功能的平台。

在研究过程中,我们对中国网络短视频的发展深感敬意,它们的创新力和多元化程度令人赞叹。同时,我们也意识到网络短视频背后存在的一些挑战,如内容质量的控制、用户隐私的保护等。

撰写这本书的过程对我们来说是一次发现之旅,希望这本书能够启发大家去探索网络短视频的世界,发现它们的魅力,理解它们的影响,同时也关注它们的问题。

这本书只是对中国网络短视频现象的一种尝试性的理解和解读,它可能无法覆盖所有的内容,也可能有所不足,但希望能够启发更多的研究和讨论。

最后,要感谢所有参与这个行业的创作者们,是他们的努力和创新使得本书有如此丰富的研究素材。也要感谢所有的读者,是你们的关注和支持使得这个研究有意义。

第一章 艺术通俗化的历史发展延承

第一节 短视频是艺术通俗化和时代发展的必然产物

短视频是艺术通俗化和时代发展的必然产物，而何谓"艺术通俗化"，下面我们以其他艺术形式，例如中国的文学体裁变化来进行观察探究，其逐渐通俗化的发展大致经历了如下几个阶段。

一、上古时期：文学艺术起源于人类的劳动实践

在上古时期，劳动是人类的生活发展常态。早在汉代《淮南子·道应训》中，古人就很直观地发现文学艺术起源于劳动者的生活，其原文写道："今夫举大木者，前呼'邪许'，后亦应之，此举重劝力之歌也。"

这里所说的"邪许"，就是劳动时众人一齐用力所发出的呼声。原始人类会扛着粗壮的木头前行，在繁重的劳动中不知道是谁第一次呼喊出了"邪许"的语气词，岂料后面的同伴们

《淮南子》（又名《淮南鸿烈》《刘安子》），西汉皇族淮南王刘安及其门客集体编写的哲学著作。

1935年，鲁迅居住在上海闸北四川路帝国主义越界筑路区域（即"半租界"），收集1934年所做杂文，命名为《且介亭杂文》。"且介"取"租界"二字各一半而成，意喻中国的主权只剩下一半。

发现这种呼喊可以减轻自己繁重的体力劳动感受，人们遂通过这样的语气词，调整了劳动的步伐、劳动的节奏、劳动的口号，也调整了人与人之间的合作和相处。

对此，我国著名文学家、思想家、中国现代文学的奠基人鲁迅先生曾在他的《且介亭杂文·门外文谈》中有过非常经典的描述："人类在未有文字之前，就有了创作的，可惜没有人记下，也没有法子记下。我们的祖先的原始人，原是连话也不会说的，为了共同的劳作，必须发表意见，才渐渐地练出了复杂的声音来。假如那时大家抬木头，都觉得吃力了，却想不到发表。其中有一个人叫道：'杭育杭育'，那么这就是创作。大家也要佩服，应用的，这就等于出版；倘若用什么记号留存下来，这就是文学，他当然就是作家，也就是文学家，是'杭育杭育'派。"

这种劳动号子，在日后的慢慢积累中又形成了长短句、诗，甚至是歌曲的雏形，进而发展成了有节奏的诗歌。

二、先秦时期：文学艺术被知识分子收集编撰

如前所述，诗歌可谓我国最早的文学形式，先秦时期诗歌正式兴盛起来。公元前1046年，周武王伐纣灭商，最终创立了周朝。为了解百姓生活，获得施政的参考，平定天下，周王朝特意设立了采诗之官，在春季时到乡村的田间地头去采集劳动者们日常的歌谣，并与贵族文人的作品和庆典上的雅乐等相配合。这一举措最终促成了相传为尹吉甫总编撰、孔子编订的《诗

《诗经》是中国古代诗歌的开端，最早的一部诗歌总集，收集了西周初年至春秋中叶（前11世纪至前6世纪）的诗歌。

《春秋左传》又名《左传》，应是我国现存最早的史类文学作品。相传为春秋末年的左丘明为解释孔子的《春秋》而作，实际上成书时间当在战国或两汉之间。

《国语》相传是春秋时期左丘明所撰的一部国别体著作。他的编纂方法是以国分类，以语为主，故名《国语》。

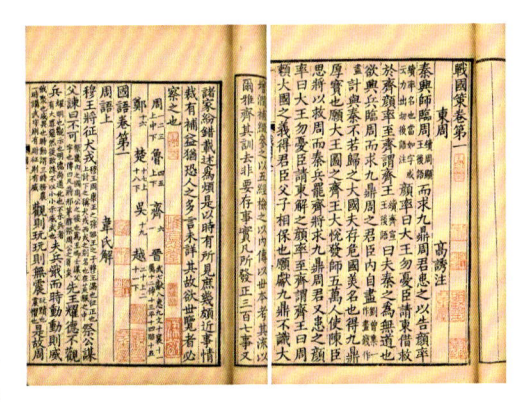

《战国策》为西汉刘向编订的国别体史书，原作者不明，一般认为非一人之作。

经》的诞生，这是中华民族最早的一部诗歌总集。

而散文也在先秦百家争鸣之时以《左传》《国语》《战国策》等诸子百家散文史书为代表慢慢出现，多是各思想流派宣扬自己的社会政治主张而撰写的文章。这中间尤其是儒家和道家的思想著作，对中国古代的知识分子甚至是广大的平民阶层都产生了极其深远的影响。同样，在诗歌创作方面，我国伟大的诗人屈原开创了"楚辞"这一新的诗歌体裁。这一时期中国文学作品的体裁主要是诗歌和散文。

三、秦汉时期：文学艺术日趋高雅精英化

到了秦汉时期，由于秦代思想控制严酷，除了吕不韦的《吕

《吕氏春秋》，又称《吕览》，是在秦国相邦吕不韦的主持下，集合门客们编撰的一部杂家名著，成书于秦始皇统一中国前夕。

《史记》，二十四史之一，是西汉史学家司马迁撰写的纪传体史书，中国历史上第一部纪传体通史，记载了上古传说中的黄帝时代到汉武帝太初四年间共3000多年的历史。

氏春秋》等少部分著作外，再无佳作。而汉代文学迎来了中国文学发展的高峰，汉乐府以民间故事和叙事形式，通过文人创作，催生了如五言诗等具有很高艺术价值的文学体裁。这一时期兴盛的文学体裁是乐府民歌、汉赋、秦汉散文。司马迁的《史记》，更是被鲁迅称为"史家之绝唱，无韵之离骚"，具有极高的史学价值和文学价值。

四、魏晋南北朝时期：文学艺术在民间的新变种

魏晋南北朝时期，政权更迭频繁，百姓饱受战乱之苦，知识分子企图寻找更好的精神家园以逃避严酷的现实。无论是东晋的陶渊明，还是南北朝时期的谢灵运等，其创作主要倾向于忧患意识和自我苦闷的抒发，此时的文学体裁集中在诗歌、文学批评上。

同时，中华大地将近400年的战乱让正统的儒家信仰产生巨大危机，佛教、道教思想在此时期变得更加兴盛，由此催生了魏晋时期玄学的发展，引发了更接地气的"志怪小说"在民间的兴盛。

志怪小说继承于先秦《山海经》、汉末陈寔所著《异闻记》，在魏晋南北朝时期更是吸引了一大批中国文学史上的精英知识分子

《山海经》是中国先秦重要古籍，也是一部富于神话传说的最古老的奇书，载有夸父逐日、精卫填海、大禹治水等不少脍炙人口的远古神话传说和寓言故事。

陈寔，字仲弓（104—187），东汉时期的名士、官员，与两子陈纪、陈谌并称"三君"，又与同乡钟皓、荀淑、韩韶合称"颍川四长"，曾撰《异闻记》。

参与，让志怪小说的文学价值也有了非常大的提升。

五、隋唐时期：高雅诗歌的最后繁荣

隋唐时期，中国国家统一、强大，社会安定、宽松，外交广泛、开放。这让唐朝的文人和知识分子充满自信，让唐诗成为我国文学的骄傲，光是流传下来的诗歌就有48900多首，更是出现了李白、杜甫等分别代表着浪漫主义高峰和现实主义高峰的集大成者。

《清明上河图》（局部），原作宽24.8厘米、长528.7厘米，中国十大传世名画之一，作者为北宋画家张择端。作品以长卷形式，采用散点透视构图法，生动记录了中国12世纪北宋都城汴京（今河南开封）的城市面貌和当时社会各阶层人民的生活状况，是汴京当年繁荣的见证，也是北宋城市经济情况的真实写照。

李白（701—762），字太白，号青莲居士，又号谪仙人，唐代伟大的浪漫主义诗人，被后人誉为"诗仙"，与杜甫并称为"李杜"。

杜甫（712—770），字子美，自号少陵野老，唐代伟大的现实主义诗人，被后人誉为"诗圣"，与李白合称"李杜"。

六、宋朝时期：文学作品偏向市井

早期的宋词继承于唐朝的诗歌，典雅精致。但随着市民阶层的壮大，出现了"夜市"、娱乐场所"瓦肆"，宋词开始多用于表现平凡琐碎的日常生活，在文章的词句上也多用俗字俚语，并且将民间叙事文学的铺叙手法用于词中。宋词的俗化逐渐形成了宋朝文学的主流,此外,还出现了说书、话本等形式。

七、元朝时期:"以俗为美"概念的出现

元朝时期,中国的文学艺术深受蒙古人粗放的草原文化影响,汉人文人地位迅速降低,被主流社会抛弃。这时的文人墨客只能更加深入市井之中,被迫混迹于市井、青楼,为了生存而进行创作,而也正是因为这时的文人从最初的愤世嫉俗到最后的玩世不恭,催生了元杂剧和散曲的出现。这一时期的文学艺术题材选择既有琴棋书画,又有柴米油盐,内容极其丰富,语言亦通俗易懂。

关汉卿(约1234—约1300),原名不详,字汉卿,号已斋(又作一斋、已斋叟),元杂剧奠基人,与白朴、马致远、郑光祖并称为"元曲四大家",居四大家之首。

《窦娥冤》(戴敦邦画)。
《窦娥冤》是元代戏曲家关汉卿创作的杂剧,展示了元朝时期下层人民任人宰割、有苦无处诉的悲惨处境,控诉了贪官草菅人命的黑暗现实。

八、明清时期:文言文逐步被白话文取代

明清时期,中国古代文学中占主导地位的文学体裁——诗歌、散文几乎黯然失色。随着资本主义萌芽的产生,印刷术快速发展,商品经济的繁荣和交通的便利让地域之间的交流更加便捷,更宜在普罗大众中间传播的白话文逐渐占据上风,出现了《三国演义》这种文言文和白话文参半的小说,而《水浒传》《西游记》《红

《三国演义》《水浒传》《西游记》《红楼梦》是成书于明清时期的中国古典长篇小说四大名著，此四部巨著在中国文学史上的地位难分伯仲，都有着极高的文学水平和艺术成就。

楼梦》等则几乎通篇是白话文。

九、近代中国：新文化运动更加提升了白话文的地位

清朝末年，中国沦为了半殖民地半封建社会，中国传统文化的发展也进入了一个濒临灭亡的状态，大量的文人和知识分子甚至已经开始怀疑中国的传统文化。

受西方思潮的影响，中华民族需要跟上世界发展潮流的目标迫在眉睫。这其中民族普及教育的重要性显得尤为突出，19世纪末很多有识之士就已经开展了拼音运动。进入20世纪，因为文言文代表着封建文化，由陈独秀、胡适、鲁迅等人发起的新文

陈独秀（1879—1942），新文化运动的发起者，"五四运动的总司令"，中国共产党的主要创始人之一和党早期主要领导人。

1915年9月，陈独秀在上海创办《青年杂志》，后改名《新青年》，新文化运动由此发端。

化运动便力主粉碎掉这一具有代表性的语言表达形式。究其原因，文言文需要读书方知一二，而白话文通俗易懂，为实现民族复兴独立，只有让全国上下的识字者看懂白话文，才能团结更多的力量进行斗争。且白话文更能快速地普及教育，进而吸引更多的民众参与到民族救亡的斗争中来。

十、当代中国：严肃文学与通俗文学的角逐

随着互联网的发展，传统文学的受众越来越小，成为无法阻挡的大趋势。1998年蔡智恒（网名"痞子蔡"）在网络上发表《第一次亲密接触》，被认为是中国网络文学的起点。该作品讲述了一对青年男女通过网络聊天室相识、相恋，到最后女主人公病逝的感人故事。而中国网络文学的发展也正是以这种言情类小说作为起点，代表作品有《成都，今夜请将我遗忘》《彼岸花》《八月未央》等，后来其中不少被翻拍成为影视作品。

2006年开始，最早连载于天涯论坛的《鬼吹灯》，也正是起源于网络文学，之后陆续出现了《盗墓笔记》《斗破苍穹》等，这些小说都通过作者自身的奇思妙想，开启了中国网络文学风靡一时的另一时代。这个时代充满着幻想、玄幻，出现了穿越小说、修仙小说、重生小说等门类。今天，这些书目中很多优秀的作品本身已经成为一个巨大的IP，尤其《鬼吹灯》衍生出来的院线、网剧，已经多达十余部。

中国作家协会2021年5月26日发布的《2020中国网络文学蓝皮书》显示，2020年中国网络文学用户规模达4.67亿人，全网作品累计约2800万部，全国文学网站日均更新字数超1.5亿，全年累计新增字数超过500亿。网络文学拉动下游文化产业总产值超过1万亿元。随后几年，网络文学继续一骑绝尘，多元化发展。2023年4月，中国作协网络文学中心发布了《2022中国网络文学蓝皮书》，指出2022年全年新增作品300多万部，其中现实题材作品新增20余万部，同比增长17%；科幻题材作品新增30余万部，同比增长24%；新增历史题材作品28万余部，同比增长9%。主要网络文学平台营收规模超230亿元。全年播放量前10的国产剧中，网络文学改编剧占7部；豆瓣口碑前10名的国产剧中，网络文学改编剧占5部；网络文学改编动漫年度授权IP数量同比增长24%；有声书改编授权3万余部，同比增长47%；网络文学改编微短剧在2022年迎来爆发式增长，新增IP授权超300部，同比增长55%。网络文学海外市场规模突破30亿元，累计向海外输出网文作品16000余部，其中，实体书授权超5000部，上线翻译作品9000余部；海外用户超过1.5亿人，覆盖200多个国家和地区，培养海外本土作者60余万人，外语作品达到数十万部。

简言之，传统文学虽衰，但在主流文化需求中仍有其生存土壤，它已经用更通俗的方式融进了网络、电影、音乐、游戏，甚至自媒体、短视频、微短剧之中。

第二节 循迹文学发展脉络，影像表达方式逐渐通俗化

循迹文学的发展脉络，我们可以将影像表达方式逐渐通俗化的发展经历，大致梳理为如下几个阶段：

最早的人类依靠文字、壁画、象征符号，对所看到的影像进行抽象或尽力写实的记录。

人类开创出绘画、音乐等艺术门类，逐渐满足了人们视和听的需要。

人类渐渐推出带有视听艺术属性的舞蹈、歌剧、戏剧、话剧等艺术形式，即使它们会受到视角、视距的限制，有一定的局限性。

人类发明摄影机，静态影像和动态影像记录技术的发明让我们记录生活的方式出现了全新的变化。

从无声电影到有声电影的进步，从黑白电影到彩色电影的发展，不断地丰富了人类视听艺术所独有的视听语言体系。

伴随着电视的发明，电视节目的制作应运而生，专门为电视台制作播出的电视剧出现。

随着互联网的发展，人人都可以在网站上观看网友们自己生产的视频，在互联网大众普及的早期阶段，出现了"微电影"这一词汇，再之后发展为网络电影。

印尼迄今发现最早的人类捕猎洞穴壁画，其历史可追溯至4.4万年前，展示了一群半人半兽的形象，他们使用长矛或者绳索猎杀大型哺乳动物。

《中国大百科全书·考古学》认为：公元前3500年的美索不达米亚乌鲁克（今伊拉克附近）的象形文字是世界上最古老的文字，也是后来楔形文字的起源。

法国摄影先驱约瑟夫·尼埃普斯拍摄的目前已知世界上第一张可以永久固定影像的照片《窗外》，拍摄于1826年或1827年。

1895年12月28日，世界上第一部电影——卢米埃尔兄弟拍摄的《火车进站》在巴黎公开放映。

  互联网群体的大幅度增加，促使了只在网络平台进行发布、专门为了网络平台制作的网络电影、网络电视剧、网络综艺。

  各类虚拟现实（VR）、增强现实（AR）、混合现实（MR）等概念和部分产品落地。

  随着个人手机端和网络连接的便利发展，五花八门的网络短视频迅速崛起。

第三节 危机还是机遇

在这个网络飞速发展和转变的时代，伴随艺术通俗化我们也看见了不少已经明显出现的问题。

在文学领域，尤其是自媒体平台的文学写作，抄袭复制现象极其严重，写作的劳动成果变得更加廉价，付以心血写作的好文可能被轻易盗版。另一方面，为了满足娱乐需求，大量质量不佳的段子、爽文、修仙小说等正在蚕食读者。时至今日，优秀、有内涵的名著和文学巨作的创作者及其读者受众依然存在，知识分子也依然享有精英的文学艺术，他们也正在成为社会"严肃文学"的坚守者。但随着社会思想、社会生产力和社会环境的变化，不断出现的新平台和新思想，使得文学艺术通俗化的必然趋势不可逆转。

美国哈佛商学院有关研究人员的分析表明，人的大脑每天通过五种感官接受外部信息的比例分别为：视觉83%，听觉11%，嗅觉3.5%，触觉1.5%，味觉1%。由此可见，视觉与听觉是我们人类获取信息的最主要的两个来源，那么自然而然，兼顾了视听的艺术门类就会受到人类的普遍欢迎。而网络短视频的出现，让人们几乎可以随时随地接收到来自世界各地的视听信息。当然，危机也正在出现于视听艺术领域，当今的观众正在逐渐形成"宁看一千短视频，不看一部电影"的习惯。这逼迫电影渐渐地被"严肃艺术化"。走进电影院观看一部视听作品，正在变得更加有仪式感。

面对艺术通俗化的浪潮，我们该担心的是审美两极化现象会不会越来越严重，甚至会不会开始反噬人们对精英文学艺术的审美。

在当今很多影视从业者的心目中，上过电影学院还不如门外汉随便拍摄的网络短视频所带来的收益回报丰厚。很多厂商也更宁愿将原来几万、几十万的经费投放到网络短视频平台上，而不仅仅满足于原来自家大屏的外放和店内电视的滚动播放。

这样的时代潮流，放在美术、音乐等众多艺术门类的发展过程中几乎是通用的。传统艺术门类正在迎接前所未有的新挑战。回归到影像领域，网络短视频对我们来说到底是狼是虎，还是机遇，我们可以探究它的发展历程、创作规律，进行深度的案例分析，让它来更好地为我们影像从业者和创作者服务，从而帮助我们生产出更加优质的内容。

第二章 中外互联网领域与网络短视频发展阶段简史

第一节 中国互联网的史前时代

20世纪80年代可谓中国互联网的史前时代。中国互联网的发展与当时科研学术界的需求推动密切相关，也得到了国际友人的大力帮助，其中当时任教于德国卡尔斯鲁厄大学计算机中心的维纳·措恩教授（中国政府友谊奖获得者，德国互联网之父）就是其中至关重要的一位。

1985年底，维纳·措恩已与早年留学西德的王运丰教授和时任北京计算机应用技术研究所所长李澄炯建立起不错的私人关系，他说服联邦德国巴登－弗腾堡州的州长罗塔·施贝特特批了一项专款给中德计算机网络合作的项目，其中包含一台西门子7760大型计算机。

2007年，在纪念中国接入互联网20周年集会期间，维纳·措恩接受新华网记者采访时曾回忆说，最初想实现德中两国间计算机互联只是出于一个很单纯的想法：为了方便与中国同行沟通与交流。当时，从德国寄信到中国至少要8天时间，而电话、

李澄炯，中国兵器工业计算机应用技术研究所原所长。

维纳·措恩，德国互联网之父。

电报极其昂贵。

1987年7月,措恩又从德国带来可兼容的系统软件,使中国的计算机具备了与国际网络互联及发送电子邮件的技术条件。

1987年9月14日晚,中国人完成了对于互联网的第一次里程碑式尝试,在当时承担电子邮件中转任务的北京计算机应用技术研究所里,十几位中德两国项目组成员用这台德国西门子7760大型计算机试发中国发往德国的第一封电子邮件。维纳·措恩敲入了计算机邮件地址,以及邮件内容:Across the Great Wall we can reach every corner in the world(越过长城,我们可以到达世界的每一个角落)。

措恩把邮件发送给包括自己在内的10位科学家。但是,试了好几次,计算机都显示发送失败。经过紧急漏洞修补,终于在6天后的1987年9月20日晚上8点55分,中国成功发送了第一封电子邮件。

据2009年4月20日《中国计算机报》刊发的文章《1994年4月20日:中国打开互联网大门》,自1987年9月20日成功发送了中国第一封电子邮件之后,站在科技前沿且具有敏锐眼光的中国科学家们就梦想有一天能够接入互联网骨干网。当时中国发送与接收邮件都必须通过德国的服务器进行中转,租用信道的费用非常高。更为可怕的是,自从有了互联网之后,国外科研机构就直接把科研成果放在网上,而由于当时我们互联网络的迟滞,等国内科研人员看到时,这些成果都已经是在杂志上刊出的、发表了半年多的陈旧论文。

1990年11月28日,经中国方面授权,维纳·措恩教授为中国注册了".cn"国际域名,并把域名服务器架设在卡尔斯鲁厄大学计算机系统上(1994年该域名服务器移交给中国互联网信息中心),中国的网络自此有了自己的身份标志。

1989年,在世界银行贷款支持下,一批中国高新技术项目建设开工,其中之一就是要把中科院、清华、北大等中关村地区的研究所及高等院校组成一个高速网络(即NCFC工程)。工程从1989年立项,1990年4月启动,1992年中科院、清华、北大三家局域网基本完成,1993年12月NCFC主干网工程完工,

左图：1995年，被称为"中国互联网第一人"的张树新女士创办了瀛海威时空，这是中国第一家将网民串联到互联网上的企业，虽然这家企业很快夭折，但这块当年矗立于北京中关村南部的广告牌却成了中国互联网发展史上的标志性广告牌。

右图：1996年5月，中国第一家网吧"威盖特"在上海成立，上网价格40元/小时，而当时每斤猪肉的价格平均只有3元左右。

三个院校网采用高速光缆和路由器实现了互联。就科学技术界的需求而言，NCFC除了国内这几家学术机构外，还需要联结更多的机构，如此才能让苦心搭建的网络发挥出应有的作用。所以，让NCFC联到国际互联网骨干网成为必然选择。然而，这除了技术的投入外，还需要展开艰难的互联网外交。

实际上，从1990年开始，时任中科院副院长的胡启恒就多次找到互联网骨干网的控制人——美国国家科学基金会（NSF）洽谈，希望可以接入互联网骨干网，但屡屡被拒绝。中国互联网奠基人之一的钱华林教授也曾经在1992年6月于日本神户举行的INET'92年会上，与NSF国际联网部门负责人讨论，表示："中国人想要接入互联网不是为了偷技术，而是为了科学地研究。"但他被告知，由于网上有很多美国的政府机构，中国接入Internet有政治障碍。

互联网的接入，是一个国家外交的过程，而互联网的本质就是分享、互动、自由、平等。中国专家的执着打动了多国科学家，他们的不懈努力最终获得了很多超国界的帮助和肯定。

1994年，正值中美双边科技联合会议召开之际，胡启恒代表中方向NSF再次重申联入Internet的要求，最终得到了认可。1994年4月20日，NCFC工程通过美国Sprint公司连入Internet的64K国际专线开通，实现了与Internet的全功能连接。从此中国被国际上正式承认为真正拥有全功能Internet的国家，中国也正式从互联网的旁观者变成了参与者。

第二节 网络短视频兴起的前时代：互联网音频传播时代

随着世界互联网的高速发展和带宽的增加，在互联网视频开始出现蓬勃发展前的20世纪90年代后半期和21世纪第一个5年内，网络音频的发展迎来了一次高潮。

1995年，MP3音频采样与压缩的标准出现后，音频的传输在互联网上率先开始火热，这带动了网络上音乐传播的率先崛起，MP3播放器随之应运而生。以当时美国1998年出现并轰动一时的"Napster"软件为例，它可以把音乐作品从CD转换成MP3格式，同时提供给平台，供用户上传、检索和下载作品。当然，Napster的出现和广为应用对当时的美国音乐行业造成了巨大的版权损失，2002年在美国众多音乐公司和著名音乐人的大规模侵权诉讼下，Napster最终申请破产保护，当年还是大学生的该软件创始者肖恩·范宁也因此吃上了很多的官司。但不得不说，Napster带动了其他基于网络的MP3文件下载工具的兴起，为苹果iPod的进一步发展做出了指引贡献，更为当今苹果iPod使用的iTunes系列应用程序提供了最早的雏形样板。

而此时的中国，也正在经历门户网站建设的小高潮。1997年，网易成立；1998年，搜狐、新浪、腾讯、京东成立；1999年，阿里巴巴、当当网、天涯社区成立；2000年，百度、卓越网成立，同年，新浪、网易、搜狐赴美上市。但也是在这一年，随着互联网经济泡沫的破灭，世界互联网的发展在短时间内陷入了沉寂。大浪淘沙之后，中国互联网公司开始探寻细分市场，向或侧重通讯社交、或侧重电商、或侧重搜索的发展方向迈进。

探索从未停止，美国时间2001年10月23日，时任苹果CEO的乔布斯发布了能够储存1000首音乐的划时代产品iPod。虽然在此之前，便携的MP3播放器设计厂家不少，但都因为使用不便，软件操作方面设计不足，没有引起足够的轰动。

自2003年Web2.0技术应用普及后，网民与网站之间互动加强，网民不但是信息接收者，也成为信息发布者。互联网也从原来只能浏览内容的Web1.0时代，变成了网民可以参与到内容生产和网络建设的Web2.0时代。

2004年，博客（Blog）成为人们分享文字和图片的网络平台。紧随其后，硬件技术和互联网的不断发展催生了"播客"的诞生，网民不仅发布文字，也发布音频文件。同年，被誉为"播客之父"的美国MTV电视台的节目主持人亚当·柯里针对iPod开发了可订阅客户端的Podcatcher，并推出首个播客网站"每日源代码"（www.Dailysourcecode.com），这一举动被认为是播客正式形成的标志。

这一年播客大流行，各大公司开始将其应用于自己的网站，其中最重要的就是苹果公司将RSS软件应用到iTunes系统上。2005年，苹果公司推出基于Windows操作系统嵌有播客功能的音乐软件——iTunes4.9。其同期推出的播客目录（Podcast Directory）让普通用户可以进行播客搜索和订阅。2005年年底，"广播"（Broadcasting）和"iPod"的合成词——播客（Podcast）入选《新牛津美国字典》，意为"可分发的为订购用户提供的数字化音频文件"。

潮流不断翻新，随着互联网技术的进一步发展，在21世纪的第二个10年，单一音频文件开始转向图片和视频文件传播。

第三节 网络视频和网络短视频平台发展的时代

2005年4月15日，中国第一个视频播客网站，也是全球最早的视频播客网站之一"土豆网"正式上线。

土豆网的创始人王微1992年高考落榜，转而出国留学，拥有了欧洲工商管理学院的MBA学位以及美国约翰·霍普金斯大学的计算机硕士学位，并加入贝塔斯曼，成为这家全球出版业巨头的中国区执行总裁。

2004年10月初，一位荷兰朋友的话打开了王微的思路。朋友闲聊中向王微提起了风靡西方国家的播客，于是他开始和朋友讨论在中国开发"播客"的想法。土豆网上线的前夜，王微为这个网站写下一句经典的口号："每个人都是生活的导演。"

在那个YouTube（中文惯称"油管"）还没有成立的年代，这句话恰好印证了互联网术语，也是如今网络短视频的核心词汇——UGC的内涵（全称为User Generated Content，也就是用户生成内容、用户原创内容）。

一、国外视频网站、社交网站等互联网领域大事件节选

2004年2月4日，美国社交网站Facebook（中文惯称"脸书"）上线。

2004年11月，美国视频共享网站Vimeo成立。

2005年2月15日，美国视频网站YouTube成立，让UGC的概念开始向全球辐射。

2005年3月，法国视频网站Dailymotion成立。

2006年，美国社交软件Twitter（中文惯称"推特"，Twitter是一种鸟叫声，创始人认为鸟叫是短、平、快的，符合网站的内涵）成立，后陆续收购了微软旗下视频分享移动应用Vine和美国流媒体直播服务的Periscope。

2006年11月，Google（中文惯称"谷歌"）公司以16.5亿美元收购YouTube。

2007 年，苹果公司跨时代产品 iPhone 智能手机出现。不过，受限于当时网络低速率，互联网和手机是割裂的，内容生产者还并未从电脑端转向移动端。

2007 年，轻博客网站 Tumblr（中文惯称"汤不热"）成立，定义了传统博客和微博的新形式。此时，受苹果商店的刺激，从 2007 年至 2011 年，各种工具型应用开始陆续登录移动端，4G 网络逐渐普及，短视频有了发展条件。

2008 年，Google 的安卓系统发行，自此，诺基亚等传统手机开始走向衰败。

2010 年 10 月，最初用于拍照和分享图片的 Instagram（中文惯称"照片墙"）成立。

2010 年，苹果公司推出跨时代的 iPhone 4 智能手机，直接加速了诺基亚退出舞台。

2011 年 4 月 11 日，美国主打短视频分享的 Viddy 发布，一年的时间用户增加了 1000 万，被认为是世界上第一款正式的网络短视频软件。

2011 年 9 月，最初用于照片分享的应用 Snapchat（中文名"色拉布"）成立，并首创了"阅后即焚"功能。

2012 年 4 月 10 日，Facebook 宣布以 10 亿美元收购 Instagram。

2013 年，Twitter 收购了可以拍摄 6 秒短视频的分享应用 Vine，并重新上线。

2013 年，Instagram 也可以拍摄发布 15 秒视频。

2014 年，Instagram 推出具有延时摄影功能的短视频应用 Hyperlapse。

2016 年，在美国开始了人工智能（AI）领域的热潮，2016 年也被称为人工智能爆发元年。Facebook、Amazon（亚马逊）、Google Alphabet、IBM 和微软发布公告称将联合成立一个人工智能联盟。Google 公开宣布转型，将 mobile first 转为 AI first。

2016 年，Facebook 副总裁称，视频"是这个世界上讲故事的最好方式"，这个拥有 16 亿用户的世界最大社交网络，在未来五年内可能"将全是视频"。

2017年5月，中国字节跳动推出抖音国际版TikTok，引起了美国主流短视频平台、社交平台的警惕。

2020年，Instagram在包含美国、英国在内的50多个国家和地区推出了Reels功能，用户能够创建和分享15秒的视频。该功能被业界称为"克隆TikTok"。

2020年，Snapchat推出短视频功能应用Spotlight，视频片段时长最高可以达到60秒。

二、中国视频网站、社交网站等互联网领域大事件节选

2005年4月，土豆网上线。

2005年4月，56网上线。

2005年，在互联网领域，互联网投资巨头红杉资本中国基金成立，今日资本、360、迅雷、赶集网、58同城、豆瓣成立，美团王兴早期创办的校内网（人人网）成立，汽车之家成立，聚力传媒（PPTV）成立。

2006年5月，短视频网站六间房上线（后转做直播）。随着一部恶搞剪辑《无极》等素材，名为《一个馒头引发的血案》的微电影在六间房上传，并在互联网爆红，下载量甚至一度击败了上映的正牌电影《无极》，六间房迅速发展成国内原创视频的老大。自此，微电影推动了短视频的草根化，无意中培养了网友利用碎片化时间拍摄、制作、上传、观看的意识。20分钟也成为微电影的一道分水岭。

2006年6月，优酷上线。

2006年，大疆创新成立。

2007年，百度视频上线。

2008年，美图秀秀、唯品会上线。

2009年1月，中国工业和信息化部（以下简称"中国工信部"）批准了3G牌照，中国正式进入3G时代。

2009年，哔哩哔哩（Bilibili，俗称"B站"）网站成立。

2009年8月，新浪微博上线。

2010年4月，奇艺（百度下属）上线，次年更名为爱奇艺。

2010年，小米成立，美团成立，中国互联网爆发了3Q（奇虎 360 与腾讯 QQ）大战，Google 退出中国。

2011 年被称为中国移动互联网的元年，中国的移动 App 开始了开发热潮，门户网站进一步加速退出历史舞台。

2011 年 1 月，微信诞生，知乎上线。

2011 年 3 月，GIF 快手上线。

2011 年 4 月，腾讯视频上线。

2011 年 8 月，炫一下（北京）科技有限公司（秒拍、小咖秀等产品母公司）成立。

2011 年 8 月，陌陌（基于地理位置的开放式移动短视频社交应用）上线。

2012 年 3 月，字节跳动成立。

2012 年 6 月，滴滴成立。

2012 年 8 月，土豆网与优酷合并。

2012 年 9 月，百度网盘成立。

2013 年 12 月，中国工信部批准了 4G 牌照，中国正式进入 4G 时代。

2013 年 3 月，喜马拉雅 FM 上线。

2013 年 4 月，网易云音乐上线。

2013 年 8 月，秒拍上线，并置入新浪微博客户端，次年因"冰桶挑战赛"迅速崛起。

2013 年 4 月，无短视频业务的阿里巴巴持股新浪微博。

2013 年 10 月，GIF 快手转型为短视频产品，即今天收获巨大"底层用户"流量的快手。

2013 年 11 月，魔力盒（一款在 WIFI 环境下随机自动缓存三部影片的手机娱乐软件）上线。

2014 年 1 月，斗鱼直播（后更名为斗鱼 TV）上线。

2014 年 1 月至 5 月，在腾讯、阿里的支持下，滴滴、快滴两家网约车 App 通过补贴争取司机和用户的大战宣告了移动互联网为了争夺客户的白刃战模式出现。

2014 年 5 月，美拍上线，包含了人物特效和场景特效。

2014 年 5 月，ofo 小黄车成立。

2014 年 8 月，小红书上线。

2014 年 9 月，全民 K 歌上线。

2014 年 10 月，搜狐收购人人网旗下 56 网。

2015 年 1 月，摩拜单车成立。

2015 年 4 月，拼多多成立。

2015 年 6 月，快手 App 总用户突破 1 亿。

2015 年 9 月 14 日，字节跳动旗下的手机拍照图片处理软件 Faceu（激萌）上线。

2016 年春节，BAT（百度、阿里、腾讯）三大巨头为了争夺移动互联网高地，开始了著名的抢红包大战。

2016 年 2 月，快手 App 总用户突破 3 亿。

2016 年 4 月，优酷土豆完成私有化，成为阿里旗下子公司。

2016 年 4 月，百度视频独立运营，7 月签约"papi 酱"（本名姜逸磊），推出当时真正意义上的短视频网红第一人。

2016 年 5 月，西瓜视频前身，头条视频正式上线。

2016 年 9 月 20 日，字节跳动旗下短视频平台抖音上线，并迅速后来居上。

2016 年 11 月，梨视频上线。

2016 年 11 月，秒拍日均上传视频达 150 万，日均播放达 20 亿次。

2017 年 3 月，快手完成 3.5 亿美元的融资，腾讯领投。

2017 年 6 月，字节跳动旗下今日头条孵化的火山小视频上线。

2017 年 11 月，快手 App 的日活跃用户数已经超过 1 亿。

2018 年 2 月，权威调研机构 IDC 发布报告称，全球智能手机 2017 年出货量下降 0.5%，为智能机问世以来首次。

2018 年 4 月 13 日，快手 App 首页左上方设置，左侧栏增加了一个带有儿童图标的"家长控制模式"。

2018 年 6 月开始，传播社会主义核心价值观的首批 25 家央企集体入驻抖音，包括中国核电、航天科工、航天工业，此前已有特警总队和共青团中央等入驻，此后《人民日报》、央视新闻等陆续入驻。

2018 年 6 月 15 日，美国撕毁了中美经贸谈判的协议，正式公布了对中国产品加征的关税清单，中美贸易战正式拉开序幕。

2018年9月14日，快手宣布5亿元流量计划，即在未来三年投入价值5亿元的流量资源，助力500多个国家级贫困县优质特产推广和销售，帮助当地农户脱贫，开始了借力农村短视频网红的特产销售经历，宣传"土味营销学"。

2018年年底，移动互联网领域市场BAT+字节跳动四强格局形成。

2019年10月1日，央视新闻联合快手进行"1+6"国庆阅兵多链路直播。

2019年1月18日下午，中央电视台与抖音短视频举行新闻发布会，正式宣布抖音将成为"2019年中央广播电视总台春节联欢晚会"的独家社交媒体传播平台。

2019年6月6日，中国工信部批准了5G牌照，中国正式进入5G时代。

2019年11月，快手短视频携手春晚正式签约"品牌强国工程"强国品牌服务项目。快手成为"2020年中央广播电视总台春节联欢晚会"独家互动合作伙伴，开展春晚红包互动。

2020年1月8日，火山小视频和抖音正式宣布品牌整合升级，火山小视频更名为抖音火山版。

2020年1月22日，微信视频号成立。

2020年8月，抖音App日活跃用户突破6亿。

2021年1月26日，抖音与央视春晚联合宣布，抖音成为"2021年中央广播电视总台春节联欢晚会"独家红包互动合作伙伴。这是继2019年春晚后，抖音第二次与央视春晚达成合作。

2021年1月28日，抖音母公司字节跳动最新的估值达1800亿美元，旗下包含了今日头条、西瓜、抖音，以及TikTok等众多爆款。

2021年2月5日，快手正式在港交所上市，快手市值超1.23万亿港元，成为第五大互联网公司，仅次于腾讯、阿里、美团和拼多多。

至此，抖音和快手成为当今网络短视频行业的两大巨头。依据中国互联网络信息中心（CNNIC）发布的第51次《中国互联网络发展状况统计报告》，截至2022年12月，我国网民规模达10.67亿，其中短视频用户规模首次突破10亿，用户使用率高达94.8%。

第三章 网络短视频的综合探讨

第一节 网络短视频的定义

网络短视频是一种新型的数字媒体形式,它通常以短、快、直接的方式提供富媒体内容,包括音频、视频、文本和动画等。这类视频通常的播放时长不超过几分钟,适应了移动互联网时代用户碎片化的信息消费需求。其内容类型十分多元化,包括但不限于娱乐、教育、新闻报道、生活分享、商业推广等。用户可以通过智能手机或电脑轻松获取这些内容,并在社交媒体平台上分享或交流。

网络短视频通常借助特定的社交媒体平台进行分发和推广,如抖音、快手、Instagram等。这些平台为用户创作和分享短视频提供了便利的工具和环境,同时也构建了庞大的用户社区,使得网络短视频在传播过程中具有强大的社交属性和影响力。

总的来说,网络短视频是一种融合了数字技术、媒体内容、社交互动等多种元素的新媒体形式,它正在以其独特的方式改变我们获取信息、表达自我和社交互动的方式。

2005年,YouTube创始人之一贾德·卡林姆上传了YouTube上的第一条视频《我在动物园》(*Me at the Zoo*),影片长度为19秒。当时《洛杉矶时报》对此的评价是:从根本上改变了人们对媒体的使用方式。

YouTube上的第一个视频《我在动物园》截图。　　短视频软件鼻祖Viddy。

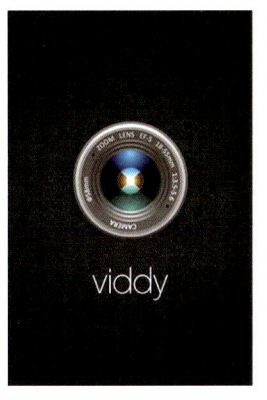

从此，60秒的视频黄金时代也开启了：

2011年，被誉为短视频鼻祖的Viddy上线，最早的时长被限定在了15秒，在2013年升级为30秒。

2012年年底，Snapchat推出的视频消息时长被限定在了10秒。

2013年，Twitter旗下的短视频分享应用Vine视频时长的限制为6秒。

2013年，Facebook旗下的Instagram上线时长为15秒的短视频，后来逐渐放宽到60秒。

彼时，在中国早期的新浪微博、陌陌等平台上，短视频时长被限定在了15秒。

2017年，快手通过自家的人工智能运算，得出了短视频应当是57秒的结论。

2017年，今日头条通过自家主办的新媒体短视频奖项"金秒奖"发现，获奖短视频作品的平均时长在238.4秒，也就是4分钟左右。

同年，北京奇虎360科技有限公司则通过自己的统计数据得出了一组结论：小于1分钟的被称为小视频，主要是用于体现个人生活的状态；1—3分钟的被称为超短视频（快视频），这个区间可以制作一些有品质有内容的视频；5—10分钟这个区间被称为短视频，可以进行较为优质的内容制作，进行一定的内容设计，讲清楚一件事儿、一段内容或者一个主题；20分钟以上的内容则开始被定义为长视频，适合于网剧、网络微电影或者一些网络综艺节目。

迄今为止，在行业内并没有明确的对于网络短视频的定义，各大网络短视频平台对于网络短视频的时长、内容等方面也并没有标准化的解读，但通过归类总结各大平台的标准，我们可以发现：

通常来说，时长在15秒到5分钟之间，通过互联网进行传播的视频就可以被称为"网络短视频"。

但这一概念和时间的限定会随着各个现有平台的定义与发展随时推进，甚至时长的限制已经开始逐步放宽到15分钟以上。

第二节 网络短视频火爆的原因

在初步了解了短视频的发展历史后，我们需要对越来越火的短视频领域进行更深度的垂直研究。那么首先要解决的问题就是必须要了解短视频为什么可以在当下如此火爆。

无论是传统的需要我们在影院观看的影视作品，还是在互联网平台播出的网剧、网络大电影、网络综艺，其核心都离不开"观众"。了解观众的现状，就可以一窥现象背后的本质。

其实早在电影发明之前就已经出现了很多的活动影像，但只有1895年12月28日夜在法国巴黎卡普辛路14号一家咖啡馆的地下室进行公开售票放映的《火车进站》能够被载入史册，成为世界电影史上第一部电影。究其原因，那便是作品只有得到"观众"或者"用户"的支持与认可，才能让影像更加有意义。不然，即便是再好的影像作品或者开发者开发的短视频软件也只能束之高阁，甚至可以理解为只是创作者本人的自娱自乐。

人类社会正处于一个经济全球化的时代、一个信息爆炸的时代、一个各项科技正在日新月异更迭的时代。在这样一个紧张而忙碌的社会现状下，尤其是在以信息技术产业为代表的新兴产业爆发增长的情况下，中国很多大型互联网公司"996"的模式已经出现。所谓"996"，就是指每天的工作时间是从早上9点到晚上9点，一周工作6天。这种违反《中华人民共和国劳动法》的加班模式已经成为很多互联网公司的常态。

我们暂且先不去讨论现如今社会发展的阶段以及产生这一现状背后深层次的原因，但从这个已经产生的社会现状出发，我们可以讨论在未来相当长一段时间内人们可能的工作和生活状态。

当下，随着工作时间的加长、生活压力的增加以及生活和工作节奏的加快，大部分人，尤其是在"996"这种工作模式下的劳动者，其个人所拥有的大块休息时间变得越来越少。很多人甚至在结束一周的疲惫工作之后，可能会在周日不定闹钟而睡到下午自然醒。所以，这些人真正用于自己休闲放松的时间只有半天。而在平常的工作中，也仅剩上下班路上的通勤时间、上下午工作间隙的短暂休息时间、中午的午休时间、早中午饭短暂的用餐时间、晚上到家后睡前的放松时间。

这些以"分钟"为计算单位的碎片化休息时间，很难支撑我们继续沿用传统的娱乐方式，我们已经难以集中时间看一部完整的2小时时长的电影、一部40分钟的电视剧，或者一部30分钟的网络综艺。因此，人们不断思索如何对这些极其碎片化的时间进行高效利用，寻求更加适合于这种时间规划模式下的娱乐休闲方式，于是短视频应运而生。

归纳起来，短视频在今天众多的娱乐方式中能够脱颖而出，主要缘于以下几个方面：

短视频相对于我们现在以"分钟"为休息单位的生活节奏，将占用的时间下降到了"秒"这一单位，可以通过即看即停的方式来帮助我们进行娱乐消遣，灵活快捷。

抖音、快手等平台通过自家算法，可以学习和记住用户的个人习惯，进行精准的兴趣推送，产生了传统娱乐方式无法比拟的"私人订制"模式，让本就碎片化的娱乐时间更加高效地被利用。

短视频可以和各个领域或平台进行深度融合，如朋友与朋友之间的转发和话题，可以兼顾类似微信的聊天与朋友圈的社交属性，也可以兼顾类似淘宝等"种草"推荐的购物属性，还可以兼顾时刻关注热点新闻、现场视频的即时信息属性……简言之，可以进行多种功能的强大汇聚。

短视频目前的发展态势和融合态势，已经产生了强大的虹吸效应，它不仅让观众可以在上面通过几十秒了解一部电影、电视剧、综艺，还在慢慢吞噬打发碎片时间的其他娱乐方式，例如听音乐、看小说、打游戏。我们可以将它们替代为在短视频上听一场现场的音乐，看到小说被影像化的翻拍段落，看游戏主播在上面进行的技术直播。

向深层次探索，总结来说，网络短视频在现代社会中火爆的原因有如下几点：

移动互联网的普及：随着智能手机的普及和移动互联网的发展，人们可以随时随地观看和分享短视频，这为网络短视频的快速传播提供了基础。

信息消费习惯的改变：现代人生活节奏加快，碎片化的信息消费方式更受欢迎，而短视频则恰好符合这种需求，因为它可以在很短的时间内提供丰富的信息和娱乐。

创新的内容形式：网络短视频通过音乐、文字、动画、特效等多种元素，提供了丰富而有趣的内容，这大大提高了用户的观看体验和参与度。

社交互动性强：短视频平台通常具有强大的社交功能，用户可以在平台上评论、分享、点赞等，这增强了用户的参与感和黏性，也促进了短视频的传播。

广告和商业价值：短视频平台可以通过广告、直播销售等方式实现商业化，这吸引了大量企业和商家投入，进一步推动了短视频的发展。

综上，网络短视频结合了技术、内容、社交和商业等多个元素，紧密地契合了现代社会的信息消费需求和趋势，因此在现代社会中变得极其火爆。

第三节 网络短视频平台的分类

经历过新冠肺炎疫情洗礼后的短视频行业，随着之前多年的积累和成熟平台的顺利运用，今天其用户规模不断扩大，行业内容不断细分，已经形成了较为丰富的平台分类。

一、用于个人制作短视频需求的工具类平台

这一类平台主要是可以对拍摄的短视频素材进行更进一步的二次加工，可以更为便捷地进行剪辑，加入特效转场、滤镜、文字、音乐，套用成熟的视频制作模板等。代表平台有美团美拍、新浪秒拍、VUE、剪映等。

二、用于观看新鲜事物的信息类平台

这一类平台上有用户自发创建的 UGC 内容，也有实时发布的新闻内容。用户可以在这类平台上广泛地接受海量的信息。数据显示，这一类短视频平台是最受观众欢迎的。

这一类平台还可以按照不同标准进行更为细致的划分：

内容类型：根据平台上主要的内容类型，可以将网络短视频平台分为娱乐类、教育类、生活分享类、新闻类等。比如 B 站多以二次元、教育内容为主，抖音则偏向于娱乐和生活分享。

用户群体：根据主要用户群体的特点，可以将网络短视频平台分为面向年轻人的、面向中老年人的、面向专业人士的等。例如抖音和快手的用户年龄段相对年轻，而像 K 歌类的短视频平台则可能吸引更广泛的用户群体。

地区：根据平台的主要服务区域，可以将网络短视频平台分为国内的、国外的、地方性的等。如抖音和快手主要面向中国市场，而 TikTok 则主要面向海外市场。

功能定位：根据平台的主要功能定位，可以将网络短视频平台分为社交类、学习类、购物类等。比如抖音和快手具有强社交属性，而一些以教育内容为主的短视频平台则更侧重于学习。

平台上通过自己创意的作品去承接广告、承接电商，也通过这样的一个平台为自己创收，实现双赢。而想要在抖音上获得更多的收入，就需要更多地占据用户市场。

每个网络短视频平台都有其独特的特色和定位，各有各的优势和受众群体。因此，在选择使用哪个平台时，用户通常会根据自己的需求和兴趣进行选择。

第四节 网络短视频的特点及其优势

一、网络短视频的特点

短：短视频的时长相较于传统活动影像，一般控制在 15 秒到 5 分钟之间。

小：短视频的话题一般不是特别宏大，聚焦点非常小。

轻：短视频的大部分节奏和话题较为轻松，沉重主题占据少数。

悍：短视频所要表达的主题直截了当，简洁明快，一针见血。

快：短视频的话题性产生非常快，消散得也非常快。

新：有受众的短视频一定要在内容和题材上保持新颖、新鲜、富有新意。

碎：短视频占用的客户时间是零碎的，内容和题材也是复杂多样、碎片化的。

二、网络短视频相对于传统媒体的优势

双向的传播方式：在传统媒体中，观众大部分为被动接受，无法参与到信息的沟通和交流当中，但是短视频的观众则可以通过评论、评论下的评论、转发、随时下载等方式，从单纯的被动接受者变为信息的传播者。

从固定端到移动端的接收模式转变：从最早的电脑端互联网到智能手机的发展，短视频的传播途径已经从固定的网页变成了手机端的各种 App，不局限于任何固定场所，随时在人人都有的移动端进行传播。

更为个性的内容和题材来源：短视频的制作和上传大多是由个人用户或小型的运营团队完成的，因此相对于传统媒体的固定信息模式，其内容更具个性化，是否接受的选择权交到了观众自己的手中。

视听展现方式更为多样：相比于传统媒体行业相对单一的信息呈现方式，例如纸质的报刊、声音为主的广播、动态的电视，短视频则几乎包含了视频、文字、图片、声音等全部信息展现形式。

传播速度相比于传统媒体更快：相对于传统媒体的新闻采、编、发流程团队，短视频创作者和平台可以在事件发生的瞬间就在第一现场进行实地的信息记录和传播，且机位角度可以远超传统媒体。当然特殊新闻除外。同时，面对同一时段不同区域发生的新闻，传统媒体按次序播报的局限性被短视频打破，用户可以自主选择短视频，及时观看。

相较于传统媒体，广告投放成本低，成效翻倍：网络短视频的火爆对于企业或个人来说，商业价值都不可估量，因为无论是相对低廉的影片制作成本还是用于推广流量的算法广告费，用心制作的短视频配合着互联网下的巨额流量，都可以产生事半功倍的商业广告效果。

第五节 短视频行业目前存在的问题

网络短视频行业虽然发展迅速，但同时也存在一些问题和挑战。

一、内容质量问题

目前来看，网络短视频的内容质量良莠不齐。由于准入门槛较低，尽管短视频的内容形式多样，但其质量参差不齐，一些短视频可能包含错误的信息、粗俗的内容，甚至存在违法违规的行为，这可能对用户造成误导，并影响社会风气。

同时，短视频平台的用户中有大量青少年，过度依赖短视频和观看内容质量差的短视频可能会影响他们的学习和认知，这也是社会和家长普遍关注的问题。

二、内容空洞问题

随着越来越多的机构、群体和个人涌入网络短视频创作领域，短视频内容空洞、形式化趋势明显，拍摄内容和题材日趋模式化，精品视频内容正在逐渐减少。

三、算法依赖问题

短视频目前的推送内容对算法有极强的依赖，用户只能接收到自己喜欢的内容，其优势是可以快速获得观众想要的信息，但是长此以往，观众会只沉浸在自己感兴趣的内容中，接收到的信息逐渐单一化，导致观众的眼界和兴趣点逐渐变小，即进入了所谓的"信息茧房"。

四、用户隐私问题

短视频的社交属性对于个人隐私泄漏有着很大的风险。一些短视频平台可能会收集用户的个人信息，如果信息保护措施不到位，用户的隐私可能会被泄露。另外，一些用户在分享生活短视频时可能会暴露个人隐私，如自己的身份信息、家庭住址等，存在一定风险。

五、版权保护问题

版权保护是所有网络传播中的常见问题，短视频由于汇集了多种信息展现方式，且创作者数量级巨大，其中的侵权行为越发明显，未经允许而出现的搬运他人作品用于商业行为的情况时有发生。此外，常见的影视作品、音乐、他人肖像未经允许就发布到短视频平台的行为也屡见不鲜。一些创作者的作品未经许可即被他人使用和转载，原创作者的权益被严重侵犯。

六、平台管理问题

随着短视频平台用户数量的增加，平台管理的难度也在不断加大。如何维护平台的秩序，保证内容的合规性，避免恶意刷榜和网络暴力等行为，是平台管理面临的挑战。同时，尽管短视频平台有很大的商业价值，但如何实现持续稳定的盈利，同时又不过度打扰用户体验，是各短视频平台需要考虑的问题。

以上就是当前网络短视频行业存在的一些主要问题，需要行业内外共同努力，加强监管和自律，解决这些问题，以推动行业的健康发展。

第四章 网络短视频的账号运营

第一节 短视频的审核与算法推荐机制

短视频可以牢牢地抓住观众的心,其背后离不开各大短视频平台的算法逻辑。每一个短视频平台都有自己比较主打的一套推荐机制,可以近乎精准地算出这条视频适合给哪位观众看,并进行精准推送,从而直击观众的喜好,让大家对内容非常满意,爱不释手。所以,制作和运营网络短视频一定要首先了解各大平台的审核与算法推荐机制。

一、审核机制

在制作完成一段网络短视频作品并上传平台后,一般来说,平台会首先由 AI 进行检测,主要是对视频的画面进行分析,检测是否合规,并查验是否符合所标注的标题、关键词等信息。如果 AI 发现有较为模糊的违规内容,则有可能进行人工检测,主要是对视频的标题、关键词、画面的关键帧等内容进行复查。如果确认违规的话,平台会禁止视频上传,删除视频,甚至有可能封禁创作者账号。

如果我们的视频内容顺利通过初审,接着平台会通过 AI 查验内容是否存在例如搬运他人视频等行为。如果较为严重,则会进行一定的流量限制,可能仅允许自己、好友或者粉丝可见。

二、算法推荐机制

初步审核过的短视频,会结合本条作品的内容、关键词,对大概几百位对这一话题感兴趣的在线用户进行精准匹配和推送。如果这几百人的例如点赞程度、评论程度、转发程度、观看时长、是否对作者进行关注等数据较好,则平台会进行叠加推荐,将这条作品再次分配给另外的几百人进行推送。如果数据依然很好,则平台会为这条作品分配更高的流量。在经历大概最多一周的持续推送后,该条短视频会逐渐冷却下来,只做零散的被推荐。

如果在分配更高流量的时候，平台接收到了较多观众的举报，例如内容低俗、造谣不实信息、违法犯罪、存在垃圾广告、卖假货、涉嫌欺诈、侮辱谩骂、危险行为、非法集资、价值观导向不良、不适合未成年人观看、涉及未成年人不当行为、侵犯名誉隐私肖像权、盗用他人作品等问题，则会对该条视频进行人工审核，如果核查属实，则会停止推荐、删除，甚至对账号进行限流或者封停。

当然，在首次对大概几百位对这一话题感兴趣的在线用户进行匹配的时候，可能会出现虽然是很优秀的作品，但是第一批观众并不感兴趣的情况。作品的播放量和点赞转发量都很不好，那么这个时候，创作者可以通过付费上热门等方式进行自我营销，这时候的系统会重新对该视频进行AI审核，再次根据视频内容进行关键词和标签的定位，进行二次推荐，再次观察作品的受关注度。

第二节 首次注册和使用短视频作品账号的方法

在如今 AI 人工智能广泛应用的时代背景下，除了过硬的优秀作品外，受市场规律的影响，最终用于在短视频平台发布作品的账号如何注册、如何设置、如何使用和运营，也都在潜移默化中决定着希望获得更多关注的创作者未来作品的影响力。

一、短视频账号的注册阶段

在注册短视频账号阶段，我们应尽量选用自己的手机号或者是与此短视频平台所属同一家公司的关联账号进行注册。这样会较大程度地降低各平台与平台之间在未来的不确定竞争情况，例如之前抖音与腾讯曾因为链接分享等问题出现过较大的纠纷。

在注册好账号后，一定要尽可能详细地完善好个人资料、设置好自己的昵称、头像、个人介绍以及背景图片等资料信息，营造真实而用心的账号。

尽量不要同一部手机同时运营多个账号，争取一账号一机。

不要一开始就用新账号进行刷流量、拉粉丝、评论等行为。

不要在刚开始注册阶段就着急进行营销、交易等。

二、短视频账号创建后的 1—3 天

尽量在多个时段、多个地点通过不同的 WIFI 或自己的手机流量每天刷本平台的短视频，可以去看热门视频、未来要做的同类型同标签视频、附近的人的视频。

每天刷短视频的时间保持在 20 分钟以上，感觉不错的短视频坚持看完内容。

先不要发送自己随意拍摄的作品视频，尽量保证前 3—5 条作品内容优质。

尽可能关注几位感兴趣的大 V 用户，进行一下转发、点赞和评论。

三、短视频账号创建后的 4—7 天

此时已进入短视频内容创作阶段,你需要注意如下问题:

定位明确:为你的账号找到一个明确的定位,例如娱乐、教育、生活分享、美食等。定位清晰可以帮助你吸引到对应的目标受众。

内容质量:内容是吸引和留住用户的关键。你需要创作高质量、有价值、有创新性的内容,满足用户的需求。同时,视频的画质、声音、剪辑等也需要注意。

保持更新频率:保持一定的更新频率是非常重要的。定期发布新的短视频可以保持用户的活跃度,同时也能提高账号的曝光率。

利用热点:热点内容通常会获得更多的关注。你可以关注社会热点,结合热门话题或热门音乐来创作视频。

互动与粉丝:与粉丝保持良好的互动可以增强他们对账号的黏性。你可以回复评论、做一些粉丝互动的活动,让粉丝感受到被重视。

分析数据:抖音和快手都提供了丰富的数据分析工具,你可以通过分析数据来了解你的内容哪些受欢迎、哪些不受欢迎,从而调整你的内容策略。

合理推广:比如除了在抖音内部进行运营,你还可以考虑通过其他社交媒体平台进行推广,扩大你的影响力。

合作与联盟:寻找与你定位相似的账号进行合作,或者加入一些创作者联盟,可以共享资源,提升影响力。

以上只是一些基本的建议,每个账号的运营策略都需要根据具体的情况进行调整和优化。

第三节 网络短视频平台可以为我们带来什么样的效益

无论何种纷繁复杂的短视频平台，只要运营得当就能为我们创造价值，于创作者和用户而言，除了情绪价值，还可以带来可观的经济效益。那么在注册、设置完成了一个成熟的短视频平台账户，并且有了比较清晰的标签和作品后，接下来我们要做的就是如何将我们所拥有的流量进行变现。目前，短视频平台可以做到的，就是将我们自己或者他人的商品，抑或是某种服务进行更广的宣传和变现。

我们可以通过短视频平台进行引流，例如我们之前已经有自己比较成熟的淘宝店铺、微店等，可以通过已经火热的短视频账号进行引流，可以将我们的联系方式、商品的购买链接或者购买地址放进我们的个性签名或者评论区中，以此借平台达到流量的导引。

我们可以在短视频平台中直接开设店铺，用 App 自己支持的店铺模块来进行交易。

我们可以在短视频平台上开设直播，进行直播带货，这样不仅可以赚取货品利润，还可以获得一定的观众打赏和礼物收入。

我们可能自己并不制作商品，但是可以在自己已经火热的作品中承接一些广告，帮助一些商家来推广他们的产品，收取广告费用。

我们可以帮助其他商家在短视频平台的直播中进行带货，这样我们就可以告别产品的生产、发货、备货等问题，只是发挥推介作用，以此来赚取佣金。

如果我们的短视频账号运营得非常成功，还可以直接将已经成熟的账号卖给想要持有的商家或者其他创作人。

第四节 选择自己擅长的模式来做网络短视频账号

在传统的短片创作当中，我们往往需要在影片中将时间、地点、人物、事件的信息进行有效的快速构建，短视频的创作同样遵循这样的定律。只是，对于短视频内容的创作来说，讲求的就是短小精悍。与传统短片创作不同，因为短视频的时长限制，我们往往不需要快速地构建"时间"这一属性，而是需要将侧重点首先放在"人物"这一层面。其次重要的就是场景和角色关系等。

一、个人视觉与听觉的视听形象

个人视觉符号：高/低颜值、衣着、视频剪辑节奏和风格、发型、表情、专属动作，等等。

个人听觉符号：配合的BGM（背景音乐）、专属的SLOGAN（口号）、方言、口头禅、反问，等等。

个人擅长的专属特点：美妆、星座占卜、唱歌、跳舞、画画、弹奏乐器、舞蹈、各类运动甚至极限运动、COSPLAY、萌宠主人、专业商家、美食家、汽车爱好者、手工制造者、萌宠，等等。

个人语言风格：毒舌、浮夸、平淡温馨、幽默、紧张，等等。

二、故事发生地所在的场景

普通场景（大众选择）：办公室、居家、商场、公园、野外、乡下、餐厅、库房、4S店、自搭直播间、户外街头、海边、体育场、求婚现场、城市地标等。

特殊场景（带有一定职业属性或突发性）：医院、护士站、豪宅、游艇、电视台演播室、新闻发生的第一现场。

冷门场景（敏感场景）：公安局、执法现场、高铁、飞机。例如抖音账号"四平警事""孝警阿特"，发布的短视频就拍摄于这类冷门场景。

三、其他角色关系，用于丰富故事和剧情关系

直系亲属或好友：父母、萌娃、兄弟姐妹、祖辈、夫妻、情侣、闺蜜、挚友。

工作关系：领导与下属、同事之间。

陌生人关系：街头随机、被观察对象。

第五章 影像画幅演变简史
（横屏与竖屏影像的传承）

人类对活动影像的探索从未停止,始于中国秦汉时期的皮影戏,证明中国人早在两千多年前就已经开始体验"活动影像"的魅力了。

在欧洲,1640年,当时的耶稣教会教士奇瑟发明了幻灯机,可以运用镜头和镜子反射出来的光线将一连串的图片投影在墙上,奇瑟也因此被指控为妖术巫师,被送上了断头台。但这并没有阻止后来的人们对幻灯机的研究和探索。

1654年,德国的犹太籍人基夏尔首次记述了幻灯机的发明。最初幻灯机的外壳是用铁皮敲成一个方箱,顶部有一个类似烟筒的排气筒,正前方装有一个圆筒,圆筒中用一块可滑动的凸透镜形成一个简单的镜头,镜头和铁皮箱之间有一块可调节焦距的面板,箱内装有光源,最初的光源是烛光。第一次工业革命后,幻灯机的光源改为了油灯、汽灯,最后逐渐过渡到电光源。

最早的幻灯片是玻璃制成的,靠人工绘画。1839年,法国科学院宣布法国人路易·雅克·芒代·达盖尔发明了银版摄影法(又称"达盖尔摄影法"),从此宣告了摄影术的诞生。英国科学家威廉·亨利·福克斯·塔尔博特随后不久宣布发明了使用负片的卡罗式摄影法。摄影术的诞生为幻灯片提供了更加可靠的影像资源。1851年,英国雕刻家阿切尔的湿版摄影法发明,在幻灯片领域也获得了广泛应用。

路易·雅克·芒代·达盖尔。　　　　　　　威廉·亨利·福克斯·塔尔博特。

幻灯机和电影摄影机的发明有着密切的联系，幻灯机的构造和摄影机十分相似。

1878年，英国摄影师埃德沃德·迈布里奇拍摄了著名的《运动中的马》，他通过绊马索让12架特殊设计的照相机分别曝光，将所有的图像连接起来变成运动影像。

1880年，英国发明家约翰·阿瑟·卢奇制作了能够连续放映7张幻灯片、给人造成运动错觉的新型幻灯机。

1882年，法国摄影师艾蒂安-朱尔·马雷研制出了一秒可以连续拍摄12张照片的"摄影枪"，用来研究鸟类和其他快速运动的动物。甚至在20世纪初，马雷还对奥运会运动员的运动形态进行了研究，但是马雷的主要兴趣是在分析动物运动上，而非动态影像。

1889年，柯达的创始人乔治·伊斯曼和他的工程师们研制的第一款商业透明软胶片（赛璐珞胶片）正式推向市场，其具备极好的柔韧性。同时，随着电动机技术的成熟，电影摄影机开始摆脱无法精确运动的手摇柄的困境，改为用电匀速提供动力。这两个主要技术的进步直接促使爱迪生在1891年成功发明电影摄影机并推广。

同样是在1889年，托马斯·爱迪生也正是看到了马雷的摄影枪和柔韧胶片后，开始着手研制可以放映活动影像的放映机。

19世纪末最为传统的电影4:3画幅，则源自爱迪生的助手威廉·迪克森。史料记载是他最终确定了柯达公司生产的35毫米宽的柔韧性胶片的技术标准，即经过改良最终确定了每帧胶片的高度为4个齿孔（又称为"爱迪生齿孔"），因为这是当

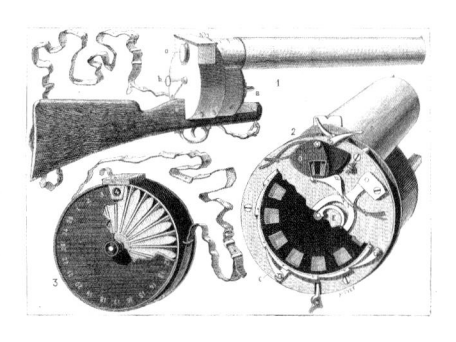

《运动中的马》。　　　　　　　　　　马雷的摄影枪。

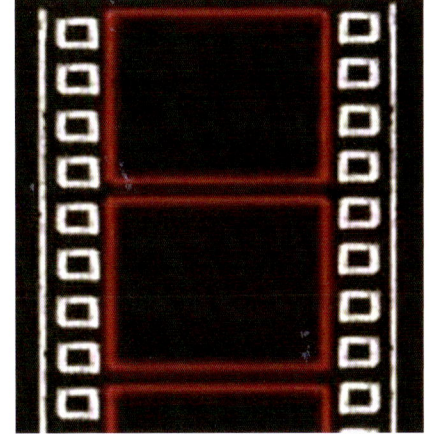

1890年,美国发明家托马斯·爱迪生在做"老式放映机"的实验。

4齿孔、4:3画幅胶片。

时齿轮牵引胶片能够均匀通过镜头的最合适高度。

最终,在20世纪初,爱迪生和美国主要电影公司将35毫米胶片、宽高比为4:3(1.33:1)的电影画幅确定为美国电影拍摄和放映的标准。

众所周知,电影最初都是默片,为了有声电影的出现,各大电影公司都做出了相当大的努力。20世纪20年代华纳兄弟研制了同步自锁的Vitaphone系统(第一部有声电影《爵士歌王》的技术),它是黑白电影时代唯一一个被广泛使用和取得商业成功的声音、影像分离系统。同期,英国皇家艺术学院研制了光电留声机Photophone,主要用于电影的声音拷贝。20世纪福克斯公司则开发了Movietone单摄影机系统,可以将声画同时录制到胶片上。该系统当时主要应用在了新闻领域。1927年10月27日,第一部有声新闻短片《福克斯电影新闻》上映。

因为要在胶片上预留一定的空间给音轨,所以在原来的4:3画幅基础上,电影胶片图像部分的面积不得不微微缩小,为应对改变遂形成了1.37:1的画幅尺寸。

1932年,著名的奥斯卡主管单位美国电影艺术与科学学院(AMPAS)通过投票,确认了1.37:1的画幅为有声电影时代的"学院标准"。

第二次世界大战后,电视在美国家庭开始迅速普及。为了播

1926年8月6日，华纳兄弟公司在纽约正式上映了他们的第一部采用同步自锁Vitaphone系统放映的长片电影《唐璜》。

《爵士歌王》是世界电影史上第一部有声电影，同时也是第一部歌舞片。

放很多的早期影片，电视的画幅自诞生之初就被设定为 4:3。与此同时，为了抢回更多流失的观众，各大电影公司不得不进行电影技术的创新，让观众能在电影院体会到在电视上无法比拟的视觉效果。这些创新的一种方式就是发明了 3D 电影，另一种方式就是发明了变形宽银幕。

1952 年，曾经的工程师、电影导演弗雷德·沃勒将自己在"二战"时发明的一种用于轰炸机投弹手训练的多机位拍摄和放映系统运用在了电影领域。通过安装三台 27 毫米的广角镜头的摄影机拍摄 6 个尺孔高的电影画面，这个系统可以获得 147°的超广视角，于是画幅比例为 2.59:1 的宽银幕电影出现，被称为"Cinerama"（全景电影）技术。但是因为成本太过于高昂，并且横向拼接三个不同的画面连接处的分割线非常明显，这个技术只能运用在少量风光游记片的拍摄中，极少应用到剧情故事片领域，代表作品也只有《西部开拓史》和《奇妙世界》，但这一标志被看成宽银幕的第一次尝试。

当然，自电影发明之初，水平方面的延长就被认为是电影最自然的形态，这是由于人眼的视场角水平方向极限能到大约 230°，垂直方向大约 150°。与水生生物不同，因为生活环境等原因，几乎所有进化的陆地生物都是这样的横向大于纵向的视场角分布。

1952 年，深受宽银幕或者说全景电影启发的 20 世纪福克斯

Cinerama 的三机投影。　　　　　　　　　亨利·克雷蒂安研发的变形宽银幕镜头。

公司找到了法国天文学家亨利·克雷蒂安，希望购买他的"变形宽银幕镜头"专利。克雷蒂安曾在 1927 年研制出了一种横向变形镜头，主要是应用于拓宽坦克观察镜的视角。经过改良，他最终成功发明出了"变形宽银幕镜头"，其椭圆形的焦外光斑十分独特。1953 年，福克斯公司通过变形宽银幕镜头拍摄，后期再通过变形镜头还原的宽银幕电影《圣袍》获得了巨大的成功。这项技术也被称为"CinemaScope"（变形宽荧幕），画幅比例为 2.35:1。

20 世纪福克斯广泛地推销自己的这门技术，将变形宽银幕镜头租赁给其他电影公司进行拍摄放映。但同时，CinemaScope 也存在很多的瑕疵，比如镜头边缘处变形明显，焦外的眩晕感让观众觉得难受，甚至很多演员特写拍摄时会觉得自己很胖。

在 20 世纪 50 到 60 年代，出现了大量的不统一画幅，1953 年，派拉蒙公司想到了一种讨巧的办法，该公司摄制的《原野奇侠》最初用 1.37:1 画幅进行拍摄，但后期裁剪掉了图像的上下部分，成了 1.66:1 的屏幕宽高比，实现了扁平化的宽银幕电影。但因为这种宽高比拍摄制作的电影放映的时候需要用长焦镜头进行投影，结果出现了胶片颗粒变大、影像清晰度下降的负面影响。同时期的很多欧洲电影，也采用了先用 Super 16 毫米低成本胶片拍摄，再用 35 毫米胶片重印发行的方式来达到 1.66:1 的画幅。

1954 年派拉蒙公司为了克服 CinemaScope 的画质缺陷，提出了"VistaVision"（维士宽荧幕）的概念，使用的仍然是 35 毫米

导演希区柯克使用 VistaVision 摄影机。

VistaVision 宣传海报。

1976年，初始版本的《星球大战》导演乔治·卢卡斯使用 Panavision PSR-200 35 毫米摄影机。

和 MGM Camera 65 系统一样搭配 65 毫米胶片和 1.25 倍变形镜头使用，可以拍出 2.76:1 放映宽高比的 Ultra Panavision 70 被用在《八恶人》拍摄现场。

胶片，但重新进行了设计，将 35 毫米胶片翻转，成像区域的宽度改为 8 个齿孔，在电影院放映时，再将胶片纵向翻转进行放映，希区柯克的《迷魂记》《西北偏北》就都用到了 VistaVision 技术，画幅为 1.85:1。

当时，由于 35 毫米胶片的物理局限性，变形宽银幕电影的发展渐渐受到限制，于是整个电影行业转向了寻求更大的胶片。

CinemaScope 的创始人之一、制片人麦克·陶德因为发现福克斯的宽银幕系统并不理想，遂发明了只用一台摄影机搭配普通球面镜头和一台放映机的单机宽银幕系统，这套系统基于 70 毫米胶片进行拍摄，画幅比为 2.2:1。他还可以在胶片上记录 6 个声道，其音质十分出色。该技术拍摄的代表作品是《环游地球 80 天》。

1953 年，一家名叫 Panavision（潘纳维申）的公司成立，也开始大量研究制作变形宽银幕镜头，这一点从其名称设立中带有"vision"（视野）就可以看出来。最终 Panavision 在业界站稳了脚跟，开发了新的摄影机系统和格式，其中最著名的 MGM Camera 65（后改称 Ultra Panavision 70），就是用 70 毫米胶片来进行宽银幕拍摄，画幅比例为 2.76:1，留出了 5 毫米作为音轨。米高梅公司使用该技术拍摄了著名的电影《宾虚》。另一个系统 Super Panavision 70 则是用传统的球面镜头制造了 2.20:1 的宽银幕影像，代表作品为《阿拉伯的劳伦斯》，该片摄影师弗雷迪·扬获得了 1962 年奥斯卡最佳摄影奖。

IMAX 70毫米胶片摄影机。

《敦刻尔克》剧照，使用IMAX 70毫米胶片摄影机固定在飞机上进行拍摄。

但由于70毫米胶片的制作成本太高，随着胶片化学处理技术的发展，35毫米胶片的颗粒问题解决后，仍然是时代主流。

在20世纪70年代，加拿大导演、制片人格莱姆·弗格森、罗曼·克罗托、罗伯特·科尔和威廉姆·肖独立开发的IMAX系统诞生。其每一幅画面占用的胶片长度为15个齿孔，另有单独的胶片空间用于声音的录制，画幅为1.43:1。

时至今日，用IMAX拍摄的电影经常会发布多样的画幅版本，就比如全片70%都用IMAX摄影机拍摄的《敦刻尔克》在影院就会有1.43:1的IMAX 70毫米胶片原版，2.20:1的70毫米胶片版本，2.40:1的35毫米4齿孔胶片版本，1.43:1+1.90:1的IMAX数字4K版本，1.90:1的IMAX数字2K原版、2.20:1或2.40:1的普通DCP版本。

1971年，美国电影电视工程师协会（SMPTE）制定了新的变形宽银幕标准，降低了图像的高度，使之更好地适应胶片拼接，新的画幅比为1.197:1的21.29毫米×17.78毫米胶片，经过2倍的变形宽银幕镜头拉伸后，形成了我们现在看到的2.39:1画幅。

至于我们常说的16:9，则是在20世纪80年代后期美国电影电视工程师协会的工程师科恩斯·H.鲍尔斯提出的一种基于几何角度的画幅比例。16:9（1.77:1）相当于4:3（1.33:1）和2.35:1的平均数，其经过增加遮幅等简单的操作，可以轻易达到主流的1.85:1和2.35:1的画幅，这对电影行业再次产生了巨大的冲击。

2002年，数字电影摄影机大量涌现后，20世纪福克斯、迪士尼、派拉蒙、华纳兄弟、索尼等公司组成了数字电影倡导联盟（DCI），其中对于电影院播放机的要求是：2K需要达到

2048×1080 像素，4K 达到 4096×2160 像素。这也让 1.89:1 成为数字电影时代球面镜头拍摄的画幅比例标准。

20 世纪 90 年代，美国电影院线放映的将近 80% 的电影基本都是 1.85:1 的画幅。随着高清电视的不断普及，在 21 世纪初，这一比例降到了将近 30%。现如今，美国电影院线放映的电影将近 70% 是 2.39:1 的画幅比例，20% 为 1.85:1，剩下的 10% 为其他画幅比。

进入 21 世纪 20 年代，电影面临的最大竞争对手已经从电视转向了网络短视频平台。智能手机用户除非玩横屏游戏或者看横屏视频，大部分时间里都是垂直手握手机，甚至有些观众在观看横屏视频时，也宁可允许上下的黑边和缩小横屏视频，而不是把手机横过来。

同样，随着手机摄影功能的逐渐强悍，在这个快速的自发视频时代，拿起手机抓拍视频的第一直觉已被竖屏先入为主，甚至业界已经出现了 9:16 美学构图的探究。

相比于横屏影像，竖屏影像也有自己一脉相承的历史传承。

前文提到的法国人艾蒂安-朱尔·马雷于 1894 年拍摄的动态影像《坠落的猫》被公认为世界上第一部竖屏影像。这个时间点与世界上第一次电影公映的 1895 年仅仅相差一年。照片是以每秒 12 帧的速度拍摄，显示出过去人们认为猫是依靠摔它的人的手作为支点进而翻身落地的想法是错误的。

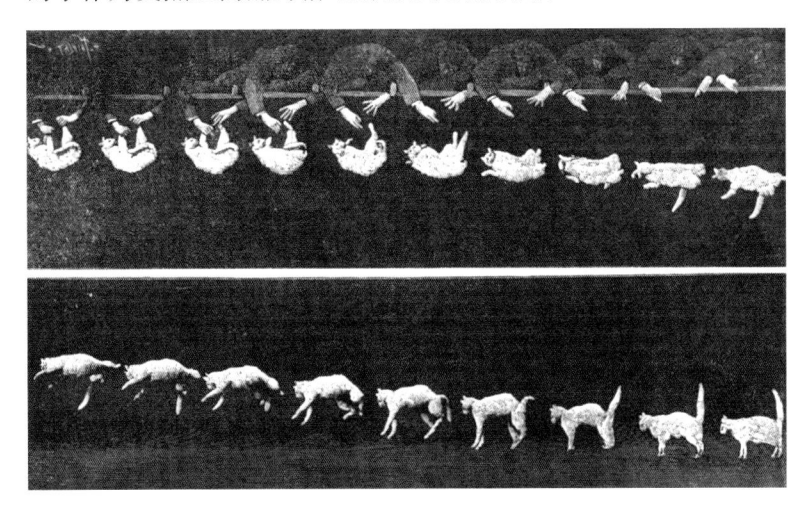

《坠落的猫》，1894 年。

1930年，苏联著名的电影制片人、理论家谢尔盖·爱森斯坦旗帜鲜明地反对中规中矩的4:3画幅，认为这种水平的矩形是戏剧化、舞台化的，摄影师应该保持住电影应有的活力，各大电影院应当对各种几何形状保持灵活，其中就有竖屏拍摄的提议。但在当时的电影从业者看来，这个建议对于胶片的摄录设备是一次彻底洗礼，难以做到包括放映设备的标准统一，所以从商业利益角度出发，他们否决了这个观点。

而在亚洲的传统艺术中，例如中国的卷轴画和日本的木刻版画，垂直影像中蕴含的艺术资源非常多。也就是说，其实从电影诞生到现在，横向构图的电影只开发了50%电影构图的可能性。

正是因为商业的不成熟化等诸多时代因素，竖屏影像并没有在接下来的电影浪潮中发挥其应有的价值，更多的竖屏的概念被广泛地应用在了艺术馆和博物馆大屏或者灯箱、图片摄影领域、电影海报的展示，等等。

进入21世纪，随着智能手机的普及率越来越高，抖音、快手等短视频平台在手机端日益火爆，竖屏恰好是手机视频的最佳呈现形式。这样的历史时期赋予了竖屏影像前所未有的发展机遇。

2014年，澳大利亚电影工作者作为主要核心成员举办的竖屏电影节开幕。

2016年，美国纽约电影工作者作为主要核心成员举办的竖屏电影节开幕。

2018年，意大利电影工作者作为主要核心成员举办的竖屏影像节开幕。

2019年，中国的首届抖音短视频影像节开幕，发起了金映奖，邀请张艺谋、贾樟柯、宁浩、徐峥、沈腾、陆川、张晋、李非等电影人组成专业评委会，其间张艺谋导演提出了"竖屏美学"的概念。

时至今日，网络短视频中呈现的竖幅绝不是简单地将传统的横屏影像进行竖屏放映，而是正在逐渐形成属于自己的视听语言。移动互联网分析公司Scientiamobile于2018年发布的MOVR移动设备报告显示：智能手机用户有94%的时间竖屏持握手机而非横屏；英国调研机构Unruly调查显示：52%的手机用户习惯将屏幕方向锁定为竖向。

2019年，一款由腾讯极光计划代理发行的真人竖屏互动影视游戏《记忆重构》上线，竖屏风潮正在以前所未有的速度向着其他媒介飞快地融合。随着大众媒体PC端向私人移动端的大规模转移，竖屏与游戏、竖屏与AR、竖屏与电影的发展有着不可估量的前景。

第六章 网络短视频内容的分类与优秀案例分析（以抖音为例）

第一节 政务、资讯、新闻类内容

网络短视频时代为官方的政务类宣传带来了新的媒体传播形式。在传统的大众认知中，官方政务类内容代表着严肃和严谨，而抖音、快手等短视频平台发布的内容主要是娱乐与休闲类，如果将传统的政务内容与短视频平台进行有机融合，则会对政策的宣传、解读起到非常好的可视化效果。因此，此类短视频账号应运而生，一般统称为政务类短视频号，影响力较大的分类主要为官方政务发布类、官方媒体类、公安警事类等。并且依国家级、省级、市县级的影响力大小还可以进行更精细化的划分。代表账号有"《人民日报》""央视新闻""四川观察""孝警阿特""四平警事"等。

资讯、新闻类内容网络短视频化，是随互联网的兴起应运而生并逐步改变的。对于中国的"90后""00后"，他们在很小的时候就基本抛弃了"报纸"这一纸质媒介来作为自己获取信息的渠道，而是短暂地经历了电视新闻的收看阶段，并迅速地过渡到了互联网平台上，直到面对成为主流的网络短视频平台。

传统纸媒在获取新闻后，往往需要有一天甚至几天的延时才能够见报。广播媒介虽然有一定的可操作实时性，但因为缺少现

《人民日报》抖音号。 　　央视新闻抖音号。 　　四川观察抖音号。 　　四平警事抖音号。

场的直观图片或视频，也不能让受众清楚地了解现场的情况。通过电视媒介来收看新闻，虽然可以让观众对整件事情获得较为完整的认知，但因为电视新闻也需要进行一定的采编工作，必然也有一定的延迟。另一方面，通过电视平台观众是被动接受新闻内容，无法进行自我选择，所以这种传播方式本身也缺乏互动性。

互联网发展后应运而生的新闻客户端，虽然突破了时间和空间的限制，允许观众进行有选择性的观看，但新闻的整理与收发，仍然需要一定的采编工作，且传统的互联网新闻也较为依赖图文信息进行传播，所以局限性依然明显。而网络短视频平台则大大整合并简化了上述传统媒体对于突发新闻资讯信息传播的流程，在突发现场简单实时录制的一段视频甚至可以在 1 秒时间内就被上传至平台的流量池，即使加上简单的包装与解读，也只需要几分钟即可完成操作。

如今我们的碎片化时间已经被密集地集中在了网络短视频平台上，实时发生的国家和社会热点新闻如果能够通过短视频平台第一时间被更多的人看见,则会引起更快的社会传播和社会效应，带来非常好的宣传和传播效果。毋庸置疑，现如今的传统媒体不得不开始面对这样的现状，即短视频新闻播放量已经超越传统图文新闻的播放量。

"四川观察"抖音账号，是传统媒体布局网络短视频平台后，主打新闻资讯类内容账号中较为优秀的案例。该抖音号于 2019 年 3 月开始陆续发布视频。早期的"四川观察"和很多传统媒体在抖音上开设的账号一样，更新频率较为松散，定位较为模糊，甚至很难坚持日更。其早期也进行了一些没有自我风格的模仿内容，但都质量不高，只有较少的关注度。

2019 年 8 月 21 日，四川汶川经历了暴雨并引发泥石流，全国人民为之揪心,当日"四川观察"便发布了武警驰援灾区的视频，生动催泪的现场画面汇集而成的视频在当时收获了超过 60 万的点赞数。经此一役，"四川观察"敏锐地抓住了自己的定位。

首先，"四川观察"将自己的抖音新闻样式模板基本固定为，上下进行新闻解读，中间配视频。

其次，借此新闻关注热度，"四川观察"发现了网络短视频

"四川观察"2019年8月21日发布的内容。

"四川观察"2020年8月16日发布的抖音。应粉丝要求,记者实地探访星巴克不收硬币事件。

用户的活跃度与力量,开始投入很大精力进行高频的内容更新。尤其在2020年初新冠肺炎疫情期间,基本可以保证日更20以上新闻条数的超高频率,几乎每小时就更新一次。

此外,"四川观察"并不局限在本地的新闻资讯领域,而是包罗了例如国际形势、社会热点事件、各地趣事、娱乐新闻、民生新闻等资讯内容。观众甚至只需要看"四川观察"一个账号,就可以知晓当天全世界的主要热点事件。因此,"四川观察"被网友赋予了一个"四处观察"的外号。

在此基础上,"四川观察"还经常频繁地与自己账号的粉丝进行互动。2020年8月,有大量网友就当时星巴克门店不收取硬币的事件隔空喊话,"四川观察"立刻行动起来,派记者现场进行求证。

此外,对于政务内容而言,虽然这类内容切入的往往是一个较大的主题,但若通过更小的专题故事的形式,会让政务内容在年轻人的眼中变得更加"接地气"。在这一点上,"四平警事"抖音号是一个较为成功的政务抖音号案例。

其实，四平市本身是吉林省的一个普通地级市，但四平市公安局却通过东北特有的喜剧元素进行了一系列的搞笑故事编排，通过演员表演情景再现了扫黑除恶、酒驾、网贷、抢劫、造谣等案件的现场，原创了大量的普法喜剧故事，让观众在非常轻松的状态下就受到了生动的普法教育。

"四平警事"的故事内容采用了多数喜剧电影非常简单直接的拍摄模式，那就是迅速树立起几位关键的喜剧人物形象，并快速建立起人物与人物之间的矛盾冲突。而警、匪，则是非常成熟的且在观众心中根深蒂固的一对矛盾人物。

故事的主演基本固定为三位：四平市公安局的董政、青年导演和演员张浩、四平电视台主持人吴尔渥。

三位主演的性格极其分明，董政作为人民警察的代表，一定要有一身的正气，但又不能太过死板与教条，一定要附带亲和力和幽默的属性。

张浩最早是通过黑道题材的"四平青年"系列、"二龙湖浩哥"系列崭露头角，成为一名导演和演员的，已经在本土观众心中培养起了一定的"大哥"形象。随着这些年的进步，他逐渐确定了自己作品的发展方向，将自己的作品和风格进行了很好的转型，注重在作品中传递正能量。作为"四平警事"诸多故事中的反面角色，他的表演要有一定的镇场能力，言语要虚张声势，但是最终在正义面前一定会败下阵来。

吴尔渥作为主持人，有较好的语言表达能力，在剧中作为张浩的手下，是一位曲意逢迎、趋炎附势且立场不坚定的小人，有

"四平警事"2021年11月12日发布作品，抖音点赞量破220万。

《四平警事之尖峰时刻》官方海报。

《四平警事之尖峰时刻》剧照。

恶霸在场就会瞬间作威作福，有警察到来就会立刻胆小全招。

故事的创作阶段也有十分明确的分工，作为基层警察，董政会接触非常多的发生在人民群众中的真实案例。这些案例会被张浩、吴尔渥进行有代表性的选择，披上幽默外壳进行艺术加工并表演出来。

2019年，"四平警事"荣获了中央政法委颁发的首届"四个一百"政法新媒体十佳短视频账号。

2021年10月4日，由四平市公安局指导，张浩导演，陈伟强联合导演，张浩、徐冬冬、董政、吴尔渥、巴多、张皓森等主演，李诚儒特别出演的电影《四平警事之尖峰时刻》在腾讯视频独家播出。

该剧正是取自已经形成了IP效应的"四平警事"，并创下了当年国庆档网络电影单日分账票房的最高纪录。

故事从盗窃未遂入狱的张浩刚刚刑满释放,并从刑警发小董政处接回已经缺少了太多家庭关爱的儿子准备开始新的生活讲起,但一伙文物盗窃犯来到了四平市,阴差阳错间,张浩与大盗首领身份互换,开启了一场啼笑皆非的正义之旅。

虽然影片整体制作比不上精细化制作的院线电影,但是演员的走心表演、扎实的笑料与台词包袱、不时出现的普法教育内容等,可以让我们看到"四平警事"以电影的方式进行了一场简单但是完整的生动演绎。

法律条文是冰冷的,普法却可以有温度,"四平警事"在网络短视频领域的创新,值得后续的制作者进行学习与借鉴。

总结这些优秀的案例,相比娱乐类型的账号,政务或新闻类短视频账号可能需要更专业和严谨的内容,同时也需要考虑如何让信息传递得更有效。这其中的关键在于:

内容质量:政务和新闻内容需要准确无误、公正客观。这类账号的观众通常希望获取权威的信息,因此内容的准确性和权威性是至关重要的。

以人为本:尽可能以观众能够理解和接受的方式来传递信息。比如,可以通过讲故事的方式,将复杂的政务信息或新闻事件以易懂的方式呈现。

创新形式:尽管内容需要严谨,但形式可以多样化。比如,可以通过动画、数据可视化等方式来展示信息,提高用户的观看兴趣。

及时更新:政务和新闻信息通常需要实时更新。保持高频的更新可以帮助观众及时获取最新的信息。

互动参与:鼓励观众参与到话题中来,比如评论、分享、提问等。这可以增加观众的参与感,也可以获取观众的反馈,了解他们的需求和问题。

分析数据:利用平台提供的数据分析工具,了解哪些内容受观众欢迎,哪些内容需要改进,从而优化内容策略。

合作伙伴:与其他政务或新闻机构建立合作,共享资源,可以扩大影响力,同时也可以提高信息的权威性。

以上只是一些基本的建议,运营具体的政务或新闻短视频账号还需要根据实际情况和观众需求进行不断调整和优化。

第二节 搞笑类内容

在如今快节奏的生活压力下，一天的劳累过后，能够观赏到令人轻松一笑的内容可以起到很好的解压效果。所以自然而然，搞笑类的内容可以说占据了网络短视频领域内容的半壁江山。

因为每个人的笑点不同，审美趣味不同，所以搞笑类的短视频也纷繁复杂，形式各异。但大体来说，经过观众的选择与时间的考验，占据主流、备受欢迎的搞笑类短视频一般有三大形式。

一、故事情景剧形式

故事情景剧是依托一个较为简单且相对来说容易操作的幽默剧本，并配合以实际的演员编排，来进行一场较为完整的情景扮演。这一形式与专业的影视短片相比，有比较相似的创作方式，创作者需要具备一定的视听语言、灯光设计、演员调度知识，制作精度要保持在一定的品控。

目前，在抖音平台上，"陈翔六点半""鬼哥""维维啊"都是多年排行在搞笑类内容的前几名。其中"陈翔六点半"主要聚焦的是我们身边的一些囧人囧事。2014 年，该系列的创作者陈翔离开了自己在电视台的工作，开始尝试在网络领域拍摄制作一些迷你剧、情景剧。2015 年他正式开始了"陈翔六点半"系列。

"陈翔六点半"2021 年 7 月 10 日发布作品，抖音点赞量破 267 万。

"陈翔六点半"大电影系列海报。

2017年，网络短视频的发展势头开始越来越火。除了短视频内容外，陈翔还成功地孵化了多部网络大电影：2017年《陈翔六点半之废话少说》、2018年《陈翔六点半之铁头无敌》、2019年《陈翔六点半之重楼别》、2020年《陈翔六点半之民间高手》开始陆续在网络平台上线。

"陈翔六点半"已经是一个持续了约10年的原创IP，这样的成果在瞬息万变的网络平台上是非常不易的。"陈翔六点半"的热度之所以能在短视频领域随着时间的推移不降反升，有非常多的经验值得我们学习：

广铺各大平台：从2015年"陈翔六点半"系列开始至今，"陈翔六点半"累计在QQ空间、爱奇艺、抖音、优酷、搜狐、土豆、微信公众号、今日头条等数十个平台上进行了播放，该号在运营层面投入了大量精力，培养了庞大的粉丝群体。

精准定位群体："陈翔六点半"的观众群体瞄准的并非一线城市的精英，而是二三线城市的普通大众，故事内容聚焦平常人生活中的一些职场故事、生活趣事、家庭琐事等，其对生活酸甜苦辣的幽默展示十分贴合和满足二三线城市人们的娱乐和文化需求。

横向制作IP：除了主打的"陈翔六点半"之外，陈翔还做了诸多的衍生节目，例如同样是迷你剧系列的《六点半日记》、主打二次元动漫的《六点半变变》，包括与爱奇艺合作推出的多部网络大电影。这些拓宽了受众和粉丝群体，将自己的"六点半"系列通过一步一步的努力最终变成了一个热门IP，并且没有陷入很多影视作品续集的"烂尾魔咒"，豆瓣评分一直稳定在6分以上。

坚持内容日更：多年以来，该团队有着非常强大的执行力、创新力和持久力。"陈翔六点半"始终坚持着日更的频率，这对于网络短视频的内容制作来说，是相当不易的。

专业制作团队：陈翔早年在电视台负责日播剧、情景剧拍摄，拥有较好的职业素养，这让他在创作短视频内容时也有十分标准的节目制作流程，公司有成熟的编剧、摄影、后期制作团队，且在制作层面上有非常体系化和工业化的流程。

签约艺人机制："陈翔六点半"从创始至今，有着非常完善的艺人体系，公司没有选择流量明星，而是根据角色需要量体裁衣地选择了更适合角色自身的演员。多年来，"陈翔六点半"在观众心目中成功塑造了例如"妹大爷""闰土""茅台""蘑菇头"等走心的幽默角色，为自己的节目专属定制了独特的演员阵容，并被观众认可和接受。

二、一人分饰多角

在同一部作品中一人分饰多位角色的方式是在网络短视频出现后开始迅速火爆的另一种搞笑作品类型。这一类型之所以能够广为短视频创作者和观众喜爱，有各自的缘由。

从短视频创作者的角度来看，这一类作品在制作成本上可以大大降低演员成本，只需要通过一位具有表现力的演员、外加不同的形象设计就可以完成整个剧本的演绎。所以，如果短视频创作者本身就是演员，这在时间成本、演员劳务成本上都有较大的节省。

这一类型作品最大的看点就是多位角色的展现，观众的注意力和期待会更加集中在演员表演张力和角色本身的表现力上，而淡化对故事发生的场景美术是否精致、现场的环境是否真实可信等的现实关注。我们经常可以看见，一人分饰多位角色的短视频作品可能就发生在创作者家里的沙发上、办公室的一隅，或者简易搭建的一块幕布前。这大大节省了制作团队的配备开销。

如上所述，虽然在演员成本、场景布置、团队拍摄难度等方面此类作品有一定的制片成本优势，但是这些看似被规避掉的压力会全部集中到演员身上，形成"演员中心制"效应。这成倍地增加了演员的表演难度和服装、妆发造型等要求。

例如现在抖音上比较有热度的"多余和毛毛姐""青岛大姨张大霞""罗休休"等成功的一人分饰多角的短视频创作者，都要自己一个人创作并演绎出十数位甚至累计数十位有特色的角色形象，并对每一位角色的服装、发型、表演风格、语言风格有着明确的区分。这样才能让观众在一部作品中就大饱眼福，感受一场酣畅淋漓的表演盛宴。

虽然此类作品一直在更换演员的形象和角色，但是无论再浮夸的妆容和角色设定，演员还是那个演员，观众会一直对演员保持熟悉感，这相较于其他需要观众在短时间内适应新加入角色的视频作品来说，很好地规避了这个适应过程中的问题。

从观众的角度来看，此类作品会出现一定的反串角色，主人公可能会通过妆容和服饰让本来的帅小伙摇身一变成为女职员、空姐、商场"柜姐"、女老师、絮叨的妈妈等。这种角色反差设定本身就会让观众觉得十分具有幽默感。

观众每次观看此类型的新作品，都会对演员可能会出现的妆容、角色或者故事情景的改变、主人公不同身份的演技等产生一定的表演期待。

此类作品发生的故事主题与生活有极强的联系性，例如职场里上下级间的一些矛盾关系、亲戚朋友之间的相处关系、购物时的销售员与客户关系等。这些会让观众产生较强的共鸣，甚至在角色身上找到自己的影子。

三、个人独特生活风格类

除以上两种形式外，其余大部分搞笑类网络短视频内容可以归纳为独具个人风格的集锦。这一类搞笑内容并没有特别明显的套路化或者模式化区分，其出发点可能就是自己身边有趣的人或事儿。

例如抖音上的"我是田姥姥"，就是记录一位70多岁、生活在东北农村的絮叨老奶奶被孙子经常整蛊的开心段落。作品中有田姥姥嘴皮子超快的口头禅，有得知被整蛊时的气急败坏，也有获得孩子们支持鼓励的感动瞬间。

再例如抖音上的"冲浪达人阿怡"，记录的是自己的爷爷、奶奶、爸爸、三叔等全家人平时的搞笑生活，并经常设置一些家庭的情景游戏让全家人参与。观众可以通过作品看出，作为演员主力担当的"爷爷"本身一定就是一位十分幽默的长辈，经常会说出一些让人忍俊不禁的妙语金句。

此类作品虽然源自生活中的搞笑瞬间，但也不排除一些情节可能通过了特定的编排，只是其主要的内容记录取材于自身有特色的真实日常生活并进行了精细的加工，所以创作者创作出了一条又一条有趣的作品。

结合自身，当我们细心地去观察生活，有时候就会发现生活中一些有趣的人和事。当本着随手记录心态的我们将这样的视频发布到网络短视频平台后，可能会发现这一条视频突然就意想不到地成了爆款，并获取了一定的关注度。它可能是我们出门游玩时发现的趣事儿，可能是我们和朋友在鬼屋游乐场内探险时无意录制到的大家被吓得惊慌失措的场景，还可能是我们在街头随机采访到的一些有趣问题，等等。

当这些生活中的小事偶然成为爆款，就可以启发我们，是不是可以在这一类题材上进行更加垂直化的深耕，将这一现象进行一定的延续，并在将来形成一个系列，形成一定的粉丝群体。

第三节 影视作品剪辑、动画、游戏类内容

随着网络短视频平台的出现，一个对影视市场有一定冲击的新门类出现了，那就是影视剪辑类的短视频内容。

以往的影视爱好者想要观看一部电影、电视剧，会去往电影院或者长视频平台进行观影。有时一些经典的、有深度的影视作品，我们可能观看完毕后并不能立刻理解和消化，还需要去寻找一些影评和影视解说来进行辅助理解。有的时候，我们在生活中可能没法通过特别集中的时间去观看一些好的影视作品，所以急切地需要一种更高效的观影方式。除此之外，还有一些影视作品我们可能对剧情不是很感兴趣，但对里面的演员有一些关注，所以也想不耽误时间，而是希望将这部影视作品快速看完。

这些需求，催生了影视剪辑号的诞生。借此机会，一些电影爱好者转战网络短视频平台，通过自己的理解，将一部电影进行精细的情节筛选、剪辑，并配上自己撰写的故事梗概和故事解读，在 10 分钟左右的时间里将这部电影的主要人物、关键情节、主题表达完整地向观众进行全方位的展示。因此，观众会非常高效地获取到这些影视作品的信息。

抖音"毒舌电影"账号的排列布局与内容范例。

这一类内容不需要任何的演员投入，而且这些影视作品本身就自带流量，对于短视频创作者来说，成本十分可控。这其中的典型代表是从微信公众号转战抖音的"毒舌电影"。

自创立之初，"毒舌电影"的名字就让观众印象非常深刻。所谓"毒舌"，就是要做到辣评，不管是院线大片还是非院线的各类艺术作品，要做到爱憎分明，好的作品就要不吝赞美、鼓励和支持，不好的就要进行批评，并给出建议。

2014年，"毒舌电影"微信公众号率先开始在影视剪辑号这片蓝海开启自己的布局，只用半年时间就突破了50万粉丝关口。2015年，"毒舌电影"一个月的广告流水就突破了100万元，巨大商机让"毒舌电影"微信公众号还开放了例如"众筹院线""沟通社群""组织观影"等诸多功能。

但在2017年，因为内容审查不严等诸多原因，有着数百万粉丝的"毒舌电影"微信公众号被永久封禁。此后，通过整改，"毒舌电影"在微信公众号上更名为"Sir电影"重新运营。2019年8月，"毒舌电影"入驻抖音，粉丝量迅速攀升到目前的6000多万，稳稳占据影视剪辑号的头部流量。

可以说目前几乎所有的影视剪辑号的形式都在向"毒舌电影"学习，剖析其特点，我们可以进行如下的归纳和总结：

"毒舌电影"有非常明晰的统一页面风格，通过拼图的方式，十分规整地让观众一进入就可以迅速找到自己感兴趣的电影主题。即便一部电影可能需要三个短视频才能讲解清楚，也不会让观众觉得查找起来手足无措，而是循序渐进，引人入胜，具有很强的视觉冲击力，一次就能带火三条短视频作品。

"毒舌电影"紧跟影视市场。一方面，刚刚上映的电影会被重点进行解读，另一方面，针对例如父亲节、母亲节、情人节等重要节日，"毒舌电影"会着力制作符合主题的亲情、爱情优质电影来进行同日期推送，此举会立刻在观众群体中引起共鸣。

"毒舌电影"的解说文案都有较为精心的设计，往往会在开头抛出一个能引起观众共鸣的问题，或者是能引起观众兴趣的悬疑点。不仅如此，在之后的影片讲述过程中，创作者会根据影片的各个转折点进行主题勾连，并在最后进行高度概括性的主题升华,让观众可以直接通过精巧的三条短视频高效且较为全面地理解一部电影的核心价值观。

同样,影视剪辑号的内容也可以再进行细分。例如,可以制作恐怖类电影合集、喜剧类电影合集、爱情类电影合集,等等,甚至可以制作某一位影视演员的专辑。此外,在影片选择上可以选择一些稍微小众的冷门佳片,以及国外正在热播的好剧好片。这些影片在国内的受众较少,很多人并未看过,所以可以快速吸引很多感兴趣的人的目光。

但同时,由于很多影视作品的文件来源不明,或者一些影视作品根本没有被制片方进行授权,所以这类影视剪辑号很容易出现较为严重的侵权问题。2021年4月23日,腾讯视频、爱奇艺、优酷等视频平台就联合了多家影视公司及500多位艺人发布关于此事的倡议书,呼吁短视频平台推进版权内容合规管理,立即清理未经授权的影视作品。2021年4月28日国家电影局也进行了发声,针对当时比较突出的"XX分钟看电影"等短视频侵权盗版问题进行了坚决的打击。

时至今日,因为涉及版权问题,很多热播剧的剪辑内容已经在各大短视频平台上消失了。与此同时,为了规避版权风险,一些年份较为久远的经典老剧、欧美影视剧,甚至是印度、泰国剧的剪辑号蜂拥而出。

因此,此类很有市场的短视频门类的发展,未来何去何从还将是一个需要关注的话题。

跳脱出影视剪辑,很多视频门户网站、电视台也都开设了短视频账号,开始将自己平台的作品,例如综艺节目、小品、热播剧等在抖音平台进行投放。

此外,近年动漫短视频作品也开始在网络短视频平台进行布局。但动漫作品因为制作起来工序较为复杂,尤其是三维动画片,角色的设定往往需要较为复杂的整套建模,所以一般来说,抖音上的三维动画片都是比较成熟的IP作品连载,如此才可以负担得起像样的制作精度和更新频率。至于较易操作入门的二维动画,创造一位较为有趣的主人公IP,将关注点放在剧情与创意上,往往也可以收获意想不到的热度。

抖音上的部分三维与二维动画片。

此外，一些游戏主播也从原来的直播平台转战至短视频平台，进行直播和作品创作。

一般来说，这些游戏博主创作的网络短视频分为两类：

第一类是游戏教学、解说类。这类短视频通过对一些热门的游戏，对游戏中常见的问题、玩法、道具属性、游戏故事情节等进行归纳和总结，吸引很多观众通过短视频内容来上手这款游戏，进而吸引观众观看自己的直播，拉拢人气。

第二类是直播游戏、互动类。这类短视频对于一些热门的游戏直接采用线上直播的方式，在这个过程中可以让观众不用自己玩就体验游戏的乐趣，并且主播还可以与粉丝进行实时互动，增强观看和体验乐趣。

第四节 各类宣传、艺人类内容

面对网络短视频浪潮对传统影视平台的冲击，一种新的融合方式正在网络视听娱乐宣传领域渐渐出现。今天，一些生产企业、各类品牌的营销宣传，都会有相当一部分权重依靠网络短视频平台来进行。

代表性的事件是，越来越多的电影、电视剧作品开始创立抖音账号来为自己做宣传。他们会在短视频账号上提前预热，放出预告片和精彩的正片片段，以此吸引更多的观众来到其他平台进行观影。而各大短视频平台也可以针对不同的电影，定制不同的算法手段，例如购票链接的支持、相关话题的发起、专属的表情包等。

很多艺人、娱乐明星、演员也都创建了自己的私人抖音账号，或分享自己的日常生活，或宣传自己参与的新作品，甚至进行直播带货等活动。相比之前的微博互动形式，网络短视频平台账号可以用更直接的影像化语言与观众建立起联系。

著名演员、歌手刘德华，可以说承载了几代人的回忆。2021年1月27日，刘德华入驻抖音，这也是刘德华出道40年来全球

抖音上的部分电影宣发号。

抖音上的部分明星艺人宣发号。

首个网络社交账号，该账号注册24小时抖音粉丝就突破了2463万。目前为止，账号粉丝已经超过7000万。

2021年7月29日，刘德华在抖音平台开设了出道40周年的独家直播，在线人数最高时达390万，而累计观看人次则破1亿大关，一时间成为平台最高观看人次的直播。

刘德华的直播与很多艺人的直播间有很大的区别，为了给粉丝非常好的观看体验，刘德华直接关闭了刷礼物功能。作为一位出道40年如一日，几乎零负面新闻的"偶像"，刘德华用实际行动给大家呈现出了正能量艺人的榜样力量。

网络短视频传播艺人正能量的同时，也催生了所谓的"饭圈"。所谓"饭圈"，即"粉丝圈子"的简称，是依托社会媒体与网络平台的圈子存在。与之相对应的"饭圈文化"，本质上由"粉丝文化"演变而来，即在移动互联网年代，"粉丝"社群内的社员在依靠互联网与偶像和社员开展沟通互动的过程中所形成的一种文化形态。

现如今，"饭圈文化"这一词汇变得渐渐负面，很多流量明星因为自己的品行不端造成了人设崩塌,甚至还在资本的运作下，捆绑自己的粉丝与自己伴生。饭圈文化是娱乐圈过度商业化、资本化的扭曲反映。

2020年11月5日，国家广电总局发布《国家广播电视总局关于推动新时代广播电视播出机构做强做优的意见》的通知，就明确提出了要防止炒作明星的不良倾向。

2021年1月26日，新浪微博也发布《明星经纪公司及官方粉丝团社区行为指引（试行）》征求意见稿，做出表率，意在构建更为健康和良性的粉丝团生态文化。

2021年8月27日，中央网信办发布《关于进一步加强"饭圈"乱象治理的通知》，更是对整治"饭圈"乱象提出了一系列的指导意见。

很多官方媒体，例如央视也举办了《上线吧！华彩少年》这样的优秀榜样节目，传播了"立华彩之风骨，强中国之少年"的优秀价值观。

在国家强有力的指导下，我们的"饭圈文化"乱象已经开始逐渐回归正轨。比起"流量明星"，德艺双馨的艺人、平凡且挥洒汗水的劳动者和有志青年，才是我们应当学习的时代榜样，才是这个时代良性的审美。

第五节 美食类内容

美食是人类经久不衰的话题,现如今的互联网时代更是让人们足不出户就可以看到世界各地的美食文化。社会经济的高速发展,让我们可以在国内就品尝到几乎任何国家的美食。各种主打创新菜品的美食店也是层出不穷。当然,美食的背后,离不开文化、家庭的传承。我国国民生活水平的提高,自然而然带动了对美食需求的不断增长。

而从商家角度,随着线下竞争压力的增大,通过网络渠道对店铺进行引流是不可忽视的方法。当下的短视频领域,更是衍生出了多样的美食展现形式。

一、将美食与文化联系起来

前几年火爆全网的"李子柒"不光是国内美食类短视频领域的顶级流量,在海外也有很强的知名度。2021年1月25日,短视频博主"李子柒"以1410万的YouTube订阅量刷新了由她于2020年7月创下的"最多订阅量的YouTube中文频道"的吉尼斯世界纪录称号,其热度甚至与美国影响力最大的主流媒体之一美国有线电视新闻网(CNN)不相上下。

"李子柒"在抖音上发布的部分内容页面。

"李子柒"的美食类网络短视频作品并不是非常直接地聚焦于美食本身，而是将她自己与家乡的大地和田园生活进行了深度融合。在这些视频作品里，她往往穿着中国的传统服饰，在宁静的山中取水劳作，在静谧的田园中采摘时蔬。海内外的观众可以从她的视频中看到中国乡村生活美好且动人的景象，看到中国特有的饮食文化、民俗文化、生态文化，即便作品中有写意的成分，但这些都已经幻化成了人们对于美好田园生活的向往。分析"李子柒"火爆全网的原因，无外乎以下几点：

　　"李子柒"的作品风格紧紧围绕着中国传统农耕文化。视频中大量的美食都用纯手工的方式进行烹饪和制作，还有很多手工制作的产品，例如蚕丝被、家具、竹筒等，营造了非常浓厚的古朴质感（"李子柒"短视频作品不局限于美食）。

　　这些短视频作品一方面可以引起我们国人对中华文化的强烈认同和归属感；另一方面，将中国人特有的这种"劳动美学"传播给海外观众，也让更多的海外人士能够将印象中古朴的中华文明古国的形象立刻影像化。

　　"李子柒"的服装搭配、妆容搭配，一直保持着中国传统服饰风格的特点。她有眉心红印、红纱掩面的古风妆容，身着干练的棉麻劳作服饰，在保持视频风格的基础上，将自己"李子柒"的形象也变成了一个有辨识度的IP。

　　"李子柒"的视频故事具有明显的中华传统美德特色。她所拍摄的地点是在乡村文化氛围很厚重的场地，且讲述的故事往往都是自己帮助长辈进行劳作，这种淳朴孝顺的形象更是展现了中华文化薪火相传的内涵。

　　但在2021年10月，媒体报道，因为股权等经济纠纷，"李子柒"正式起诉经纪公司，同名账号开始陷入停更状态。在瞬息万变的网络短视频平台上，未来的"李子柒"何去何从仍然是一个未知数。

　　经过连续几年的飞速发展，如今国内的各大短视频平台已经开始进入"存量竞争"时代。在掌握了大量的观众和粉丝后，如何通过优质内容留住这些观众而不流失是未来的主要竞争点，而留住有创新的、优质的创作人则是各平台任务的重心。

　　这中间，底层人物的逆袭，是拉动创作者激情的最有效手段。

2020年8月4日，抖音宣布推出"新农人计划"，称将投入总计12亿的流量资源，扶持平台"三农"内容创作。2021年4月，抖音又推出了"新农人计划2021"，给予更多流量扶持和抖加奖励。从中可以看出，抖音正在逐步布局原来"快手"短视频平台主要占据的三四线城市的市场。2021年10月4日，一个叫作"张同学"的抖音账号迅速蹿红，他发布的第一个视频《饺子配酒》，获得了23.7万点赞和2.7万条留言评论。"张同学"本名张凯，他开创了和"李子柒"风格截然不同的另一种美食类内容视频方式。他在辽宁省营口市建一镇松树村实地拍摄，视频中的农村没有滤镜，没有特效，斑驳的墙面、褪色的海报、碎花窗帘、老旧掉漆的柜子，一切都是农村最质朴的元素。

其实在此次作品爆火之前，热爱影视的张凯就经常为他人写一些段子来拍摄。因此，"张同学"的迅速爆火，得益于自身作品过硬和顺应时势。在完成审核、推广、受到观众认可等正常流程并成为爆款后，"张同学"迅速获得了更多短视频平台的流量倾斜。

"张同学"主打的美食类账号风格是乡土味十足的农村美食，十分有节奏的剪辑技术和故事安排，让他成为又一个"现象级"的网红。

二、将美食与生活联系起来

"如果您不知道吃什么，不会做饭，关注'麻辣德子'，每

"张同学"在抖音上发布的部分内容页面。

天为大家分享一道美食。"

这是抖音上拥有3500多万粉丝的"麻辣德子"结尾经常说的一句话。区别于很多的美食短视频创作者,"麻辣德子"的作品没有精心设计的剧情,没有夸张的摄影灯光团队,没有五花八门样样俱全的厨具,只有简单的三尺灶台和朴素的食材。

2018年10月开始,"麻辣德子"开始在抖音账号上发布作品。"麻辣德子"是山东威海人,他最突出的个人风格就是自己会做大江南北的很多菜系,还能独创一些美味小吃。无论是家常便饭,还是美食大餐,他都能够轻松驾驭。

"麻辣德子"另一大突出特点是对美食有热情、对粉丝有真情。每一次做完菜,他的招牌动作都是要认真地抹好其实有些简陋的灶台,并且认真地双手合十给观众深鞠一躬,感谢大家的点赞和支持。

在他的短视频中,一些曾经和家人开玩笑的话语更是无意中成了个人的风格,比如,"麻辣德子"管"加水"叫"来点生命的源泉",给"筷子"起名叫"祖传的筷子"。

"麻辣德子"的菜系虽然跨度很大,但全都是在家就可以操作的家常菜,并且视频中他把这些制作的过程都事无巨细地传达给观众。

同样,有些微胖的身材、笑容可掬的神态,加上虽然小但是富有感染力的眼睛,"麻辣德子"这一形象温情又有着极强的代入感,更是被粉丝戏称为"从来不睁眼看人的德子"。

接地气、真诚是"麻辣德子"火爆的方式,他所展示的,就是千千万万中国普通家庭浓浓烟火气的缩影。

生活虽然是充满压力和挑战的,但每当回归家庭的那一隅小小厨房,一家人团聚一起的时刻,我们一定会得到心灵上的慰藉。

三、将美食与吃播、探店联系起来

品尝美食、制作美食、传播美食文化其实本质都是分享快乐的正能量事情,但是随着直播平台竞争压力变大,一些美食类的网络短视频内容在拓展中也出现了一些问题,比如"吃播"浪费风。

"吃播"这一概念来自日韩。在很多网络才艺进入饱和阶段后,"吃播"渐渐被很多主播发现,而"大胃王"形式的挑战是最博人眼球的。比较有代表性的是 YouTube 上的大胃王视频博主——日本的木下佑香。2015 年 6 月 2 日,她发布的狂吃 3 公斤炒面的视频让她迅速走红。

2016 年 5 月,中国视频博主"密子君"在 B 站上传的 16 分 20 秒吃掉 10 桶火鸡面的视频短时即获得了 170 多万的点击量,将"吃播"这一概念引入国内。

此后几年,随着这一品类一段时间的野蛮生长,一些畸形的如催吐、假吃、倒掉食物等行为开始在网上风靡,不断有主播"翻车",引发社会舆论。

2020 年 8 月 12 日,央视新闻批评了这一浪费现象。当时,面对突如其来的新冠肺炎疫情,很多本就处于贫困状态的国家雪上加霜。很多国家为了优先保证自己国民的粮食供给,甚至禁止了自己国家的粮食出口。不断涌现的粮食安全危机是如今这个时代需要重视的全球性问题。同时,这种畸形的"吃播"价值观,本身就违背了我们中华民族勤俭节约的餐桌礼仪,会带坏社会风气。

品尝美食,向大家分享美食这件事情本身没有错,但是要树立正确的价值观,引导正确的社会风气,这才是每一位美食类博主应该自觉做到的事情。

现如今的美食类网络短视频内容依然火爆,一些曾经的"大胃王"博主,已经转型变成了美食分享博主,或者自己动手尝试制作美食,也收获了不少的粉丝和关注度。

另一方面,探店、探索类的猎奇网络短视频内容也在近年引起了一定的争议。探店类短视频内容并不是新兴事物,早在网络短视频时代到来前就有很多图文并茂的探店攻略推荐大家到某些具体的店铺进行实地体验。探店类内容对于小红书、大众点评等平台来说,更是支柱型的推广方式。

探店也不仅仅局限于美食,探索一家酒店、一栋房产、一家商铺、一位名人,也可以吸引当今时代大量观众的目光。

短视频博主"大 LOGO 吃垮北京"(现已更名为"大 LOGO 吃遍中国",以下简称"大 LOGO")曾是当年红极一时的美食探店博主，该账号早期主打北京美食探店，因为品尝的店铺都很接地气，积攒了一定的人气。随着粉丝数量慢慢增多，邀请他来店铺做宣传的商家也越来越多。2020年6月27日，"大LOGO"发布了"300块一两和牛牛排"的探店品尝视频，收获了非常多的关注。从这一节点开始，"大LOGO"的短视频画风开始转向探店各类米其林餐厅、吃播各类天价美食、体验各家天价酒店、在昂贵的高端超市购物等内容。

"大LOGO"短视频的成功，引起了网上大量探店博主的争相模仿，在网络短视频平台上瞬间刮起了一系列的"炫富"类探店内容。例如"说车的小宇"发布"花199万元坐月子"等，都在网络上引起了大量关注。

2021年4月，因发布大量以奢侈生活为卖点的炫富短视频，"大LOGO"等一批短视频制作者被《人民日报》、新华社点名批评。

当然，也有些网友表示，这些主播能带着观众去看看自己可能一辈子都无法进入的高端场所，能够让观众长见识，无可厚非。

体验高端的酒店与美食本身没有错，但打着体验的名号，用炫富的手法吸引眼球，着重描绘普通人无法触及的奢侈生活为自己牟利的风气，的确是要抵制的。散布奢靡之风，会对一代又一代还在努力奋斗的年轻人的心智成长产生极大的影响，巨大的心理落差会大大地影响他们的人生观和价值观。

大到一个产业、一个行业，小到一个内容、一条视频，这些案例都在时刻提醒着网络短视频的创作者要树立正确的价值观，回归本心，用心去做好内容，传递正能量。

第六节 产品种草类、直播带货类内容

"线上负责种草,线下负责体验"是如今在短视频平台上售卖产品的商家的通用模式。

这一类网络短视频内容比较直白简单,其目的就是通过各种方式,让自己的产品得到观众和用户的认可。

一般来说,网络短视频对于产品的售卖,可以通过以下几种高效的方式进行切入。

一、达人评测、开箱等方式

此类视频内容往往是以开箱、评测的方式来切入,培养一位专注于开箱或者直接评测各类产品的达人,让其配合实际体验来给观众分享自己对产品的实际使用心得,然后进行种草推荐。李佳琦就是美妆短视频里最火爆的代表人物之一。

2015年,李佳琦本科毕业后成为欧莱雅的专柜柜员。因为很多顾客并不愿意用样品口红试色,于是李佳琦就用自己的嘴巴为顾客试颜色,并且多次获得了销售冠军。2016年底,网红机构美ONE提出"BA(化妆品销售顾问)网红化",随后欧莱雅集团与美ONE一拍即合,尝试举办了"BA网红化"的淘宝直播项目比赛。作为BA销冠的李佳琦获得了参赛资格,随后凭借出色的能力在比赛中脱颖而出,最终签约美ONE成为一名美妆达人。李佳琦的走红正是迎头赶上了网络短视频前时代——电商平台扶持打造网红直播的风口。

他的风格简明扼要,可以在1分钟之内就将这个产品的特点和用户的痛点阐释清楚。此外,作为主打女性美妆、护肤等品类的主播,他把人设塑造为最懂女性的男人,从女性的需求和消费观出发去考虑问题,进而挑选合适的产品来进行推荐。此外,配合标志性的口头语,例如"我的妈呀""买它"等,都强化了李佳琦在观众心中的标签。

2021年12月20日,据新华社消息,跟李佳琦同样占据直播带货头部流量的主播"薇娅",因逃税被追缴税款、加收滞纳金并处罚款共计 13.41 亿元。

网络直播行业鱼龙混杂,但也并不是法外之地。公民应依法自觉纳税,并要承担与收入相匹配的社会责任。

二、日常 VLOG 情景剧方式

此类视频内容的种草与带货模式,往往是选择已经有一定知名度的网络名人,或者一对网红情侣,抑或一对已经结婚的夫妻,他们本身已经通过自己的方式将自己的账号培养了一定影响力。

因此,在他们自己的日常生活 VLOG 中,合理地设计生活中使用产品的情景来进行产品植入,是非常高效的方法。观众在观看自己喜欢的剧情、角色的同时,会更加信任产品。

"这是 TA 的故事"是抖音上名副其实的高质量内容创作者,主打当下家庭生活中的婚姻关系,主要讲述一对夫妻在生活中遇到的各种酸甜苦辣咸,并一起迎头去面对困难的故事。

深挖这一剧情短视频创作者的背景,我们发现,这一系列短视频出自导演姚永成之手。一直有着电影梦想的他,大学期间就经常在校园电视台拍摄各类短片,毕业之后拍摄了一些微电影,入围了很多电影节。2014 年,负债累累的姚永成回到了自己的家乡安徽省六安市,但他一直没有放弃自己的电影梦想,一直坚持拍摄一些搞笑类视频放在美拍、秒拍等平台上。

抖音出现后,他迅速抓住了风口。2019 年 7 月首发的"这

抖音账号"这是 TA 的故事"发布的部分视频内容。

是 TA 的故事",仅用短短一个月的时间就实现了粉丝突破 100 万,迄今粉丝数量已突破 1000 万。

2019 年,姚永成获得了抖音短视频影像节的"最佳导演"和"最佳人气"奖,导演宁浩、徐峥、新裤子乐队、张晋为他们的团队进行了颁奖。有网友戏称,"这是 TA 的故事"有助于改变中国目前离婚率较高的现状。

在短视频保持较高影像质量的同时,两位非常合适的演员也对视频的爆火起到了事半功倍的作用。两人在戏中几乎是素颜出演,虽然谈不上"颜值担当",也不是多么演技出众,但两人塑造的角色无比生动。

男人出演过辛苦的外卖员、出租车司机、货车司机、送货工人、职场上焦头烂额的职员。女人出演的则是同样需要辛苦上班,还要兼顾家庭的妻子,或者是一直陪伴男人创业的助手。根据不同的故事主题和角度,配合以男人或者女人的内心独白,他们创作的每一个故事都能令人潸然泪下。

男人有过急躁、崩溃和怒吼。女人也有过焦虑、蛮不讲理和赌气。他们所展现的正是在风花雪月的爱情过后,每对要厮守一生的夫妻必须面对的柴米油盐。

在这些生动的作品的结尾,再加以恰当的广告植入,例如网约车司机通过自己的努力终于买上了自己喜欢的汽车,女人下班后在网络平台上购买的新球鞋,让观众在最温情的时刻去接受产品,此时的产品就已经附带了故事本身所要传递的温情价值。

三、直播带货的方式

直播带货的电商发展模式已经经历了很长一段时间,并且告别了野蛮生长阶段。明星带货就一定可以成为爆款的神话已经褪去,甚至很多明星还因为没有完成成交额而被厂商告上法庭,对簿公堂。

直播带货现如今仍然是一种最简单和直接的营销模式,实时的产品展示、实时的粉丝答疑与互动、实时的测评等,都让观众用几乎最直接的方式看到产品、了解产品。

2021 年网络直播界的"鸿星尔克事件",让我们看到了直播带货的另一种现象级事件。

2021年7月,河南遭遇了千年一遇的暴雨,国产运动品牌"鸿星尔克"低调捐赠5000万元物资的事情引发了网友的关注。

鸿星尔克于2000年在福建创立,2003年因为遭遇洪水大量原材料和设备被淹,2008年遭受金融危机,2015年又遭遇了厂房大火。恰逢当下时代的产业转型,本就经营不善的鸿星尔克驰援灾区的行为让网友们迅速地将其善举顶上了热搜,并开始"野性消费",买买买。与此同时,同样捐款的汇源果汁、蜜雪冰城等品牌也被网友发现并迅速推上热搜。

一时间,"野性消费"一词成为互联网消费领域的新风潮。野性消费是建立在理性消费基础上,因为支持爱国情怀、公益事业等正能量事件而出现的一种消费观念。在这种观念影响下,消费者不考虑价格,通过疯狂消费的方式来支持正能量事件的公益主体。

当时,网友们纷纷冲进"鸿星尔克"直播间,出现了诸如"要让鸿星尔克的缝纫机冒烟""卖断货那就把原材料寄过来我自己缝""大家别听主播说话了,赶紧买"的神评论。

鸿星尔克可以说真真切切地体验了一次现如今网络短视频平台的风口,这次浪潮也是鸿星尔克自成立以来最大的转型机遇。如何通过这次机遇,提升自己的品牌价值,生产出更适合如今市场且有竞争力的产品,如何保持住产品的质量,不辜负网友给予的信任,维护住这次良好的口碑,还需要看鸿星尔克未来的创新力和行动力。

"鸿星尔克官方旗舰店"抖音账号部分内容页面。

第七节 大宗商品内容（以汽车类短视频内容为例）

相比其他电商产品，房产、汽车等大宗商品价格相对昂贵，观众的选择相对谨慎。在新能源汽车正逐渐成为汽车消费主流，传统燃油车逐渐退出汽车市场的大变局时代，各类车企已经被重新拉回到同一起跑线进行比拼，恰逢网络短视频时代的到来，如何攻占短视频领域做好营销，是如今各车企品牌要认真考虑的问题。

"虎哥说车"是杭州交通电台 FM91.8 的主持人于虎创办的抖音账号。2019 年 2 月开始发布作品的他，最开始的起步是解答一些购车咨询，之后开始做一些豪车的展示视频，积累了一定的人气。

2019 年 6 月开始，"虎哥说车"开始了一系列有趣的说车视频。比如，将五菱宏光介绍为"工地一号"，将高铁介绍为"巨龙一号"，将地铁介绍为"地下一号"，将独轮车介绍为"搬砖一号"，将过山车介绍为"尖叫一号"，将牛车介绍为"丰收一号"，将二八大杠自行车介绍为"青春一号"，将拖拉机介绍为"农村大G"。他为视频内容加上了弘扬正能量的立意，例如为祖国名片点赞、为劳动者点赞、为新农村点赞等。同时，虎哥的招牌介绍语更是在网络上兴起了一片火热，例如"别问落地价，因为情怀无价！""在这样的车上，怎么能不喝一杯八二年的凉白开"，等等。

风趣幽默的语言、职业主持人自带的激情讲解，让他的粉丝

抖音账号"虎哥说车"部分内容页面。

迅速攀升到了3000多万。在保持创意的同时，尤其在涨粉最快速的阶段，"虎哥说车"仍然保持着较高的更新频率，基本能达到日更。

现在汽车类短视频内容已经形成了较为完整地从看车、学车到选车、用车、玩车的完整分类，短视频内容的布局可以优化到产业的各个阶段进行垂直内容制作。

第八节 宠物类内容

第一财经商业数据中心（CBNData）发布的《2021宠物食品行业消费洞察报告》显示：随着我国人口结构的转变，"空巢老人"群体逐步增加，新生代年轻人晚婚晚育趋势明显。宠物成了这些群体的情感寄托。

2021年我国独居的成年群体规模已经接近1亿人，养犬（猫）的人群数量已经突破6294万人。养宠物热潮在这些年开始逐年上升，"宠物经济"开始显现。

在这样的背景下，正在逐渐成为社会消费主力的年轻人更愿意增加更多的消费来保证自己宠物的生活质量。"洞察报告"同时指出，2021年单只宠物的年消费已经占到了人均可支配收入的20%。

相比老一辈，作为消费主力军的"90后""00后"对于新鲜事物的接受度更高。因而就宠物经济而言，今天的宠物用品市场已经进行了一轮大范围的更新：宠物智能家居、智能喂食器、智能猫砂盆、宠物背包和拉杆箱、高档宠物食品、宠物健康检测设备、宠物定制医疗、宠物摄影、宠物婚介、宠物训练、宠物主题餐厅、宠物殡葬等新鲜事物和新鲜行业层出不穷。

除了自己已经有宠物的人群之外，一些可能因为各种原因暂时还没有能力养宠物的人群会在网络短视频平台上进行"云吸宠"，通过网络短视频平台来观看别人家的宠物。

抖音上的宠物类短视频账号所展现的宠物特长五花八门，每一个宠物都有它自身的优势与特点。

例如主打聪明智慧的边牧、金毛等犬种，这一类账号的创作者往往会设定一定的情节来展现自家宠物的聪慧，让观众不禁感叹宠物的智慧，在精神层面还可以满足自己对完美宠物的幻想。

例如主打拆家的哈士奇犬种，这一类账号的创作者往往会主打与哈士奇的恩恩怨怨，令观众忍俊不禁。

例如主打萌系的布偶猫、金渐层猫、萌兔、仓鼠，这一类账

号的创作者往往会展现自家宠物可爱的一面，萌化观众的心，令其顿生爱意。

还有创作者养了一些冷门宠物，比如小猪、羊驼、狐狸等，其短视频号主打猎奇，满足观众对这些生活中并不常见的宠物的好奇心。

除了记录与自己宠物的生活日常，此类作品还会衍生出售卖宠物用品、科普养宠知识、帮流浪猫找家等周边内容。

各类宠物类抖音账号

第九节 旅行、国内外生活类

在国内短视频平台，不乏活跃的外籍博主，他们有可能是求学而来，有可能是暂时在中国工作，有些则可能已经在中国成家。而另一方面，很多在外的华人也会通过网络短视频平台记录和分享自己在异国他乡的生活。还有一些人，作为旅行博主，可以游览海内外的风景名胜，让没有条件或者没有时间出去的观众足不出户就可以感受到世界各地的风土人情。

2020年年初，随着新冠肺炎疫情的爆发，很多跨国旅游项目因为各个国家不同的政策要求几乎陷于停滞状态。因此，大量可能有计划出国旅游的人群只能暂时在国内进行游玩。而之后一段时间随着疫情常态化，境外旅行变成了一样稀缺品，于是此类短视频作品迎来了一定程度的关注度增长。

一、在中国的外籍博主

这一类视频创作者往往会将视频作品的主题与中国本土文化进行融合。这类作品会引起观众对于有着不同文化差异的外国人在中国生活的好奇心，进而会想通过他们的作品去了解外国人对于中国的印象到底是什么。

"老外克里斯"是一位来自挪威的青年，目前抖音粉丝超过2000万。2010年来到香港做交换生的克里斯迷恋上了中国文化，本科毕业后他又去了青岛学习，后来与对北欧有着浓厚兴趣的中国青年何建宏成为挚友，两人开始制作抖音短视频，讲述老外家庭和中国文化的故事。

二、在国外的华人博主

"东北人（酱）在洛杉矶"目前粉丝超过1100万。他本身是一名在美国创业的贸易公司老板，早期的视频作品十分随性，经常是用东北话配音，自己并不出镜，而是让观众跟随他的镜头去拍摄他的好友和自己在洛杉矶的日常生活。

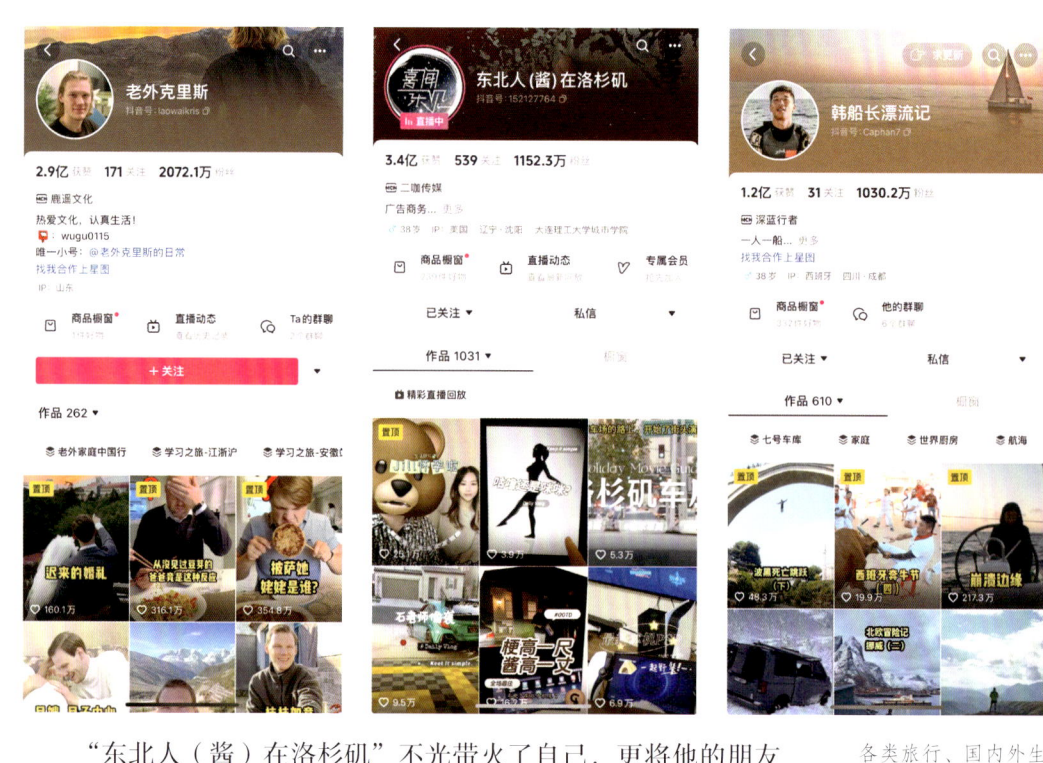

各类旅行、国内外生活类抖音账号。

"东北人（酱）在洛杉矶"不光带火了自己，更将他的朋友群体一起带火。例如他的好友"桔梗夫妇""老卢"也都开始拍摄自己的日常生活，此外还有他的其他员工、助理、粉丝大概十数人，成了一个庞大的"酱式矩阵"。

很多时候，几人同时办的一件事情，每个人都会发一条与这件事情相关的内容，但是每个人的视角不同，所讲述的方式也不同，观众往往需要看遍所有人的短视频作品，就像追花絮和彩蛋一样，才能更全面地了解到这件事情的始末。"东北人（酱）在洛杉矶"的"酱式矩阵"就是这样的全方位海外华人生活录。

三、旅行类

"韩船长漂流记"是抖音上一位非常知名的旅行家，本名韩啸。

18岁的他就离家出走，26岁做了俱乐部，29岁去了毛里求斯开酒店，31岁在欧洲做导游，34岁考取美国ASA帆船驾照并卖掉了自己在四川成都的房产，然后去瑞典的斯德哥尔摩买下一艘单体帆船，开始了自己的航海旅程，成为首位单人单船穿越亚丁湾的中国人。2021年5月，"韩船长"又成功成为中国单人单船穿越印度洋第一人。

　　这样传奇的履历满足了很多人从小的冒险愿望，因此，他发布的自己旅行各国的短视频作品迅速走红。

　　这一路上，他遇到过风暴，遇到过海盗，遇到过船体故障，几次危及生命，但是他都凭着坚定的理想和信念成功完成了每一次航行。

　　2020年的4月25日，"韩船长"在穿越亚丁湾的时候，与中国海军护航编队相遇，手持通话器的他激动地与中国海军进行了对话联系。这段视频被《人民日报》、CCTV、人民海军进行了报道。

　　这样一位有着拼搏与冒险精神的中国青年，带着网络短视频平台上的观众一起看大海上的云起云落和波澜壮阔，也带着大家感受世界各地的异域风情，更带领大家感受着作为中国人的自信与自豪。

第十节 知识分享、教育类

娱乐功能是网络短视频非常重要的属性，但是千篇一律的娱乐内容有时候也会让观众的兴趣随着观看时间渐长而减少。好在，网络短视频不光可以带给我们娱乐的属性，随着产业的发展，我们现在已经可以在上面进行碎片化的学习，可以充分利用碎片化的时间来对自我进行提升。

特别是2020年以来，在新冠肺炎疫情的影响下，越来越多的线上教育和线上课程层出不穷。网络短视频面向教育的前景十分广阔，一些在各自领域有着较为深厚知识水平的知识分享者，借由短视频尝试着将复杂的知识通过自己的讲述传达给更多受众，继而催生了"知识网红"，并推动了短视频平台知识教育门类的发展。总体来说，知识分享、教育类的短视频内容分为以下几类。

一、科普知识分享

这一类包括例如法律知识分享、养生保健的观念分享、各类物理天文化学等科普分享、各艺术门类的知识分享、各类体育知识的分享、各类经济学教育的分享，等等。

李永乐老师是抖音上科普类知识分享的代表人物之一。他本是中国人民大学附属中学的一名物理老师，在成为"网红"之前，他一直是一位深耕在教育一线的老师。后来，在一些培训机构做兼职时，他才开始接触录课，这些课程在很多乡镇县城起到了非常好的作用。这时，李永乐老师才发现了互联网的作用，注意到此类教学视频可以让更多的人看到，可以弥补教育资源分配不均的状况。

2017年4月，今日头条转发了他的"闰年是怎么回事"的科普视频，好评如潮。大家发现，他可以通过几分钟时间就能讲清楚一个大家生活中经常一知半解的问题。

在粉丝的鼓励下，李永乐老师开始通过热点的社会话题，找到其中的理科知识点，并且给大家深入浅出地进行讲解。比如电影《我不是药神》中"格列卫"药到底是怎么回事，"三体"问题到底是什么，和"鹊桥"卫星是什么关系，等等。

二、学科类知识教育

这一类包含有特定学科性质的知识教育，比较有代表性的是语言的教育，包括日常交流的外语兴趣教学、考研的外语教学，等等。

三、生活类知识分享

这一类包含很多日常生活内容，比如育儿经验分享、情感问题分享、美食制作技巧分享、各类装修家居知识分享、各类美妆分享、各类穿搭和各类好物分享，等等。

四、专业技能教育

这一类包含各种职业技能的教育，创作者往往是各个领域的深耕工作者，例如摄影和后期制作、电脑的 office 办公教育、各类编码教程，等等。

五、高等院校的抖音公开课

这一类包含北京大学、清华大学、北京师范大学这样的中国顶尖学府与抖音合作推出的公开课等。

在 2020 年突如其来的疫情的影响下，北大的融媒体中心率先做出反应。自 2020 年 2 月 5 日开始到 2021 年 9 月，北京大学在抖音上进行了四百多场线上讲课，他们甚至尝试让光华管理学院的老师录制了疫情对中国经济造成了哪些影响的课程。后来学校的心理健康咨询中心和心理学院又开展了疫情期间如何调整情绪的课程。这些课程都在网络上产生了非常好的影响，于是，北大和抖音开始推出了"北京大学抖音公开课"。

第七章 国内外高端短视频案例分析

第一节 张艺谋导演团队竖屏美学系列微电影（2020）

从 2020 年 1 月 21 日至 2 月 3 日，由张艺谋导演团队联合别克汽车制作的四辑聚焦于竖屏美学的系列贺岁短视频影片陆续上线。四部影片的题目分别为：《遇见你》《陪伴你》《温暖你》《谢谢你》，旨在讲述四组身份地位各异、社会关系不同的人物的故事。

第一辑《遇见你》，正迎合了"春运"这一独特的中国图景，设计了男女主角在火车卧铺车厢内的偶遇桥段。故事中一位阳光帅气的男孩偶然在车厢里邂逅了一位美丽的女孩，男孩对女孩一见钟情，想要偷偷拍下她的照片，想要偷偷引起她的注意，最终因为掉落的水杯两人相视一笑。到了夜晚，一位新来的旅客不停地打鼾，令大家难以入睡，最后两人再次相视一笑，互道一声"新年好"。故事简单，但生动地刻画出了一个真实腼腆可爱的男孩形象。影片在选题和投放时段上都引起了观众的强烈共鸣。

在这部时长 4 分 12 秒的《遇见你》中我们可以发现，导演选择的是非常具有垂直代表性的场景——火车硬卧，三层床铺形成了有节奏的自上而下的纵深空间。这一点是竖屏视频想要在影像场景方面取得优异效果的场地选取前提保障。

《遇见你》海报及剧照。

在构图方面，床铺边缘在画面中形成的竖线、斜线、横线，起到了非常好的分割画面的作用。看似不经意进入构图的三角形床铺边角、长方形的行李边角、框架式的行李箱把手、半圆形窗贴、水壶边角充分涵盖和挖掘了竖屏影像的前景设置。这些处在画面边缘、虚化掉的前景往往可以让观众更加明确地感受到画框的边缘存在，自主地将更多的注意力集中到画面的中心部分。

传统商业电影往往会通过超宽的画幅、延伸到人眼两侧的曲面屏幕、低照度摄影或者增加暗角等方式，力求模糊甚至消除人们在电影院观影时画面边框的存在感，以达到更好的观影沉浸感。但竖屏的短视频影像不同，一方面，受制于观看设备的局限性，手机的尺寸相对于电影银幕来说处在不同的数量级，所以想要消除手机边框的存在感是较为困难的事情，为此，导演团队就横屏电影的一些既有方案，比如在暗角的基础上多使用带有景深的前景，适当在画面中渗透进模糊掉画框边界的信息，让观众不去注意画面的边框，而是将注意力更多地集中在画面的主体上，产生更为有效的"凝视"，让观众可以目不转睛地接收画面中央的信息。

第二辑《陪伴你》，迎合的是中国人过年要一家团聚、吃饺子的主题。一位美丽的母亲临近过年还在加班工作，窗外还有人在梯子上忙碌。父亲带着孩子前来看望，并带来了热气腾腾的饺子。孩子给母亲吃饺子的时候还不忘吹吹热气，父亲则在窗外用手机屏幕打出了"等你一起回家！"的温暖话语，营造了幸福的一家三口在过年前夕的幸福时光。

《陪伴你》海报及剧照。

在这部时长 2 分 02 秒的《陪伴你》中我们可以发现，导演对于母亲工作场景的选择增加了略微高出地面的橱窗作为调度的中心，保留了父亲、母亲和孩子在物理空间结构上高度差的设计，并巧妙地运用橱窗玻璃营造了色彩对比强烈的两部分画面空间。

张艺谋是公认的色彩大师，《黄土地》的黄、《红高粱》的红、《十面埋伏》的绿、《满城尽带黄金甲》的金、《影》的黑白灰，以及《英雄》和《长城》的多色混合，都营造了他自己的美学风格。

而《陪伴你》则用短短约 2 分钟的时间囊括了非常多的色彩构成：窗内的红灯笼、窗框大红色的油漆、窗内的暖光、背景板和地面的金色，代表着温暖与祥和。开头窗外不时行色匆匆走过的路人、窗外搭梯子的加班的同事、整体模拟夜间路灯的高色温光照、远景写字楼中的星星灯火和点点霓虹，都在营造着过年前静谧祥和的氛围、塑造着都市中的夜归人，为观众即将观看的温情故事做好了情绪上的铺垫。

孩子的绿色小手套和头顶帽子中的一抹绿色图案、妈妈坐着的绿色小板凳和道具背景中绿色的祥云间隙、母亲与父亲一黑一白的外套，这些细节也都为整体画面的色彩构成提供了坚实的基础。值得一提的是，父亲脖子上跟母亲衣服配色一致的围脖，孩子头上跟母亲衣服配色一致的帽子和里面的毛衣，就连包饺子的布袋，都达到了与三人衣服上的配色统一，这些细节的配色都在时刻向观众和谐地展现这一家人的祥和与默契。

第三辑《温暖你》，迎合的主题则是过年前夕在街头分发新年礼物和传单的促销。在行色匆匆的商业楼群扶梯上，做促销活动、装扮成卡通人物的女孩手里的元宝道具不慎落下，大部分行色匆匆的路人选择了视而不见，只有男主角捡起后还给了女孩。第二天，当女孩再次和男主角开心地打招呼时，男主角开始也有些困惑和茫然，但女孩的真诚让男主角想起了自己曾经帮助过她。之后的日子里，渐渐地男主角的脸上出现了开心的笑容，女孩的开心和快乐感染了更多行色匆匆、低头前进的人。结尾的小反转是男主角在一天早上发现卡通形象女孩没有像往常一样跟他打招

《温暖你》海报及剧照。

呼，变得很冷漠。原来其实是他心中想的那个女孩当天没有工作，而是换上了便装，在扶梯上开心地拿着气球跟男主角打招呼。故事的最后，男主角将气球开心地送给了同样在扶梯上的小男孩，传递了温暖和快乐。

在这部时长 2 分 32 秒的《温暖你》中我们可以发现，导演将故事的发生地巧妙地选在了自动扶梯上。自动扶梯自带天然的自动上下调度，并且自动扶梯的长度一般都较长，有较好的纵向延展性，同时自动扶梯的梯级会对画面的构成形成非常好的节奏感，而自动扶梯长长的把手也会在构图中形成充分的延长线和横切线，提升画面的设计感。

另外，在配色的选取上，深灰色的扶梯暗示在钢筋混凝土的快节奏、机械化的城市生活中一切事物都变得失去了光彩，十分的冷淡。形形色色的路人尤其是男主角，身穿的衣服也是深色为主。女孩身穿代表着新年意味的大红色配色为主的卡通人物装，加上金色的金元宝、红色的祝福联、红色的红包、红色的吉祥物、红色的气球，都无时无刻不在打破黑白灰为主基调的色彩构成，令观众迅速注意到人物并被深深地吸引。在影片的最后，男主角的衣服颜色也随着人物心态的变化而越来越浅，不再沉重。

最后，跟《遇见你》有着异曲同工之妙的是时有出现的俯拍镜头。这种镜头角度在平时海量的网络短视频拍摄中是不常见的，因为即便是设备齐全的专业电影剧组，正扣镜头往往也需要有 90°正扣云台、摇臂、稳定器、航拍器等摄影辅助设备的技术硬

《谢谢你》海报及剧照。

件支持才能完成。这一正扣镜头出现在本就具有特殊场景设置的成片中,会让观众感受到成片的制作精度。《遇见你》中,90°镜头正扣拍摄男孩想从上铺偷偷拍一张女孩照片的忐忑情境,为观众充分营造了俯瞰将地面作为画面纵深空间延伸的独特视点。在《温暖你》中,正扣拍摄电梯一上一下运行,人物渐渐被分离向画面上下两侧的俯拍镜头,给了观众更加丰富的上下画面张力感。这是需要一定的视听语言和导演摄影调度功底才可以完成的画面设计。

第四辑《谢谢你》,迎合的主题是新年前夕仍然在办公室工作的都市白领和窗外"蜘蛛人"的温馨故事。两者都为了各自的生活十分疲惫,但白领在劳累后去打咖啡之余,碰巧看到了窗外同样在为了生活奔波的"蜘蛛人"吃着塑料袋里随便携带的已经被冻凉的食物。他们不但工作环境十分危险,吃饭也只能草草解决。于心不忍的白领倒了一杯热水,交给了窗外的"蜘蛛人",而"蜘蛛人"则在窗外画上了洋溢的笑脸表示感谢,最后还帮白领把他工位旁边的窗户擦得更加明亮。

在这部时长 2 分 29 秒的《谢谢你》中我们可以发现,对于本次故事场景的选取,导演选择了同样具有明显高度差的摩天大楼窗外,选景思路非常具有创新意识。

这一片段中,对于细节瞬间的抓取令人称赞:

第一个细节是,办公室内另一位离窗户比较远并没有注意到窗外"蜘蛛人"的同事的镜头,暗示了其实处在一个平行世界的两个群体并无交集。白领男主角是不同于他人,愿意去感谢、去温暖他人的先行者。

第二个细节是,虽然场景是在摄影棚内搭建的,但导演对窗外凛冽寒风的细节刻画并没有缺少。凛冽的寒风一方面体现在"蜘蛛人"包装食物的透明塑料袋被风吹歪,另一方面体现在当白领开窗递出热水后,吹进窗户的风将白领桌旁的文件吹散一地。

第三个细节是,当两位"蜘蛛人"画完笑脸,一个人用刮器刮干净窗户后,另外一位"蜘蛛人"还用抹布继续擦拭,不甘落后地用自己的行动表现出对白领男主角的感谢。

第四个细节则是,窗内和窗外开窗户时候的风声设计。本片的光效设计为太阳高度角很低,色温很低的夕阳光一直贯穿着整部影片。在影片的一开始就营造出了夕阳西下中美好、安静、温馨且温暖的办公室内图景,男主角甚至还撸起了一小截袖子。但男主角开窗户的瞬间,窗外嗖嗖的寒风声和鼓风机营造的大风一下子让我们身临其境有了切身的体会,那就是冬日温暖的室内和窗外零下温度的强烈对比。生活并没有看上去那么光彩,是因为爱的传递,才有了温暖。

四部影片中,出现了四次标志性的主角与主角之间的传递:《遇见你》中,是掉落的保温杯在梦中的传递,而且在影片的一开始,其实就有了列车乘务员给男孩递水的传递;《陪伴你》中,是妈妈和孩子隔着玻璃的手的触碰;《温暖你》中,是无数次小

《遇见你》。 　　　　《陪伴你》。 　　　　《温暖你》。 　　　　《谢谢你》。

礼物、小礼品的传递；在《谢谢你》中，则是一杯热水的传递。

此外，四部影片中也出现了四次标志性的打破隔阂：《遇见你》中相隔的是一张薄薄的床板，通过男女主角心灵上的不断拉近而最终打破；《陪伴你》中是一面薄薄的透明橱窗，因为孩子进入到了妈妈工作的场地吃饺子而最终打破；《温暖你》中是一道浅浅的扶梯把手，通过礼物的传递慢慢打破掉心灵的芥蒂；《谢谢你》中则是一面薄薄的落地窗，通过探出去的一只拿有热水的手而打破。

现如今，占据绝对数量的网络短视频的普通拍摄制作者其实并没有经历过系统的、专业的影视技能训练，他们拍摄的多数内容只是简单地用视频去进行普通的、单调的记录，甚至第一人称面对镜头说话的固定机位就可以在摄影层面完成一部短视频作品。更进阶一点的普通从业者会运用便携手持移动设备结合自学的剪辑技巧进行一些简单的运动拍摄和技法后期，但真正在视听语言上的创新是非常有限的。不过也正是因为数量级的短视频拍摄者的存在，"竖屏美学"才能得以建立。就像2019年7月9日张艺谋导演在抖音首届短视频影像节上所说的一样："在我看来，人人都可以是导演，很多民间作品非常有创意。"他甚至明确提出了"竖屏美学"的概念："现在竖屏的形式更适合手机，我觉得这也许对未来有更深远的影响。"

并且，张艺谋导演团队将这一概念真正落地生根，在2020年春节时刻，推出了如上这四部与别克携手打造的贺岁短视频微电影，将正确积极的思想价值观与我们中华民族的传统农历春节进行了有机的融合，再加以"竖屏美学"的独特概念，为我们日后的短视频拍摄树立了参考和标杆。

第二节 《特技替身》（2020）

2020年，多次获得奥斯卡奖和提名的导演达米恩·查泽雷与苹果合作，使用 iPhone11 Pro 拍摄了一部9分17秒的竖屏微电影——《特技替身》（*The Stunt Double*）。这部影片讲述的是一名职业的替身演员在一次拍摄中从摩天大楼上坠下，但是降落伞没有打开。就在即将离开这个世界的时候，替身演员闭上了眼睛，开始回忆自己这一生出演过的每一部电影。其参演的电影，也正串联起好莱坞电影的发展史，有默片、有声片、西部片、歌舞片、惊悚片、科幻片、冒险片、间谍片，每一部电影里都有特技替身演员努力的身影。最终，一场回忆的大梦惊醒，美丽的女主角也飞到他的身边，帮他重新打开了降落伞，两个人相拥而吻，并飞向远方，留下了一地惊愕的摄影组和本来应当在上面出演的帅气男主。

达米恩本身就是一位传奇的年轻导演，也是目前最年轻的奥斯卡最佳导演奖获得者。

1985年出生在美国罗得岛州的达米恩出身诗书之家，父亲

《特技替身》截图。

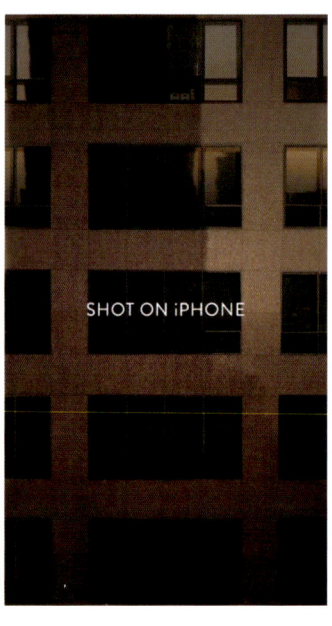

达米恩·查泽雷。　　　　　　　　　　《爱乐之城》海报。

是一位非常喜欢爵士乐和蓝调音乐的计算机领域的专家，在普林斯顿大学执教，母亲则是执教于新泽西州立大学的历史学教授。

在上高中期间，达米恩就组建了自己的乐队，并担任鼓手。因为对音乐的热爱，尤其是观看过法国导演雅克·德米导演的《瑟堡的雨伞》之后，他喜欢上了歌舞片。据说，当时的达米恩每天要练习6个小时的打鼓。

达米恩大学就读于哈佛大学视觉与环境研究系（电影方向），这是哈佛大学盛产纪录片人才的一个专业。在2014年第86届奥斯卡奖评选中，获得最佳纪录片提名的《杀戮演绎》的导演约书亚·奥本海默、《肮脏的战争》的导演理查德·洛雷、《埃及广场》的导演耶菡·妮珍儿，2017年第89届奥斯卡奖评选中《月光男孩》的配乐尼可拉斯·布泰尔、《爱乐之城》的导演达米恩·查泽雷和配乐贾斯汀·赫尔维茨均来自哈佛大学视觉与环境研究系。

上了大学的达米恩和好友贾斯汀成立了乐队，但大二时达米恩最终确定自己的电影梦想，从而退出了乐队。在导演完自己的处女作《公园长凳上的盖伊和艾德琳》后，达米恩参加了《夺命钢琴》和《最后一次驱魔2》两部惊悚电影的编剧工作。作为一位学音乐出身的编剧新秀，达米恩从哈佛大学所在的剑桥市迁居到美国电影中心洛杉矶好莱坞的过程并不顺利，大概有6年的时间他撰写的多部剧本都没有被接纳，直到他根据自己的经历撰写完《爆裂鼓手》获得投资并将这个故事拍成一个18分钟左右的短片而获得2014年圣丹斯电影节短片单元的评审团大奖。之后达米恩拿到了长片的投资，用330万美元的成本获得了将近5000万美元的票房，并获得了2015年第87届奥斯卡最佳男配角、最佳剪辑、最佳音响效果奖，还有最佳影片、最佳改编剧本、最佳音效剪辑的提名。

早在2010年，达米恩就已经根据自己喜爱的歌舞片写出了《爱乐之城》的雏形，但在当时的美国投资歌舞片的风险非常大，即便达米恩有之前获奥斯卡奖的经历加持，他的《爱乐之城》最初获得的投资也只有100万美元。很多制片人希望让这一老掉牙的题材更加商业化一点，认为男主角不应当是爵士乐钢琴手，而应该是摇滚乐的吉他手，最后的结尾也应当是合家欢的大结局。原定的男女主演也都因为片酬和档期的问题，陆续拒绝了出演。但最终，在达米恩的努力下，制作成本约3000万美元的《爱乐之城》在全球票房突破了4亿美元，并获得了第89届奥斯卡的最佳艺术指导、最佳摄影、最佳原创配乐、最佳原创歌曲、最佳导演、最佳女主角奖，以及最佳影片、最佳男主角、最佳原创剧本、最佳剪辑、最佳音响效果、最佳音效剪辑、最佳服装设计、最佳原创歌曲的提名。14项获奖和提名，追平了此前由《彗星美人》创下、《泰坦尼克号》平过的提名纪录。在这之后，2019年达米恩导演的《登月第一人》获得了第91届奥斯卡的最佳视觉效果奖，并再次获得了最佳音响效果、最佳艺术指导和最佳音效剪辑的提名。2022年底，达米恩讲述20世纪20年代好莱坞无声电影过渡到有声电影的新作品《巴比伦》在北美公映。

达米恩的这部《特技替身》是完整大规模地应用电影灯光、电影美术置景、电影移动器材、电影特效的一部好莱坞制作级别的竖屏短视频作品。

作为好莱坞炙手可热的导演之一，达米恩却在这部作品中做到了对主流好莱坞的反叛。

首先，他选取了竖屏形式。竖屏电影的出现本身就是对横屏电影的一种反叛，相比传统的横幅电影，竖屏电影试图让人们去接受更小的观看屏幕、更短的观影时间和更新的观看媒介。

在此基础上，他所选择的主人公，是一名默默无闻的替身演员，也是一位对传统好莱坞英雄人物的反叛角色。好莱坞十分看重一部影片演员阵容是否强大、题材和选角对于票房的收入是否

《特技替身》拍摄花絮。

有着严格的保障、所选取的演员们的粉丝号召力是否广泛。没有这些条件的加持，很多优秀的新人导演或新人演员几乎是没有机会去实现自己的电影梦想的，他们永远只能像故事的主人公特技替身演员一样，此生无法在大银幕前露出属于自己的面庞。

但随着网络短视频的发展，一位有才华的导演，或者是一位有潜力的演员，甚至只要是一位有鲜明特色的个体，都可以将自己的作品发布到人人都可以浏览的网络短视频平台上。只要你有特点，只要你有才华，只要你能独辟蹊径，就有极大的概率可以获得爆炸一般的社会热点关注，收获百万甚至千万粉丝，直接从"草根"逆袭成"网红博主"。

而这样一名身经百戏的替身演员，又何尝不是我们所说的"草根英雄"。平时在电影剧组中工作的他，其表演能力和才华甚至有可能远超一位年轻的新晋主演。

特技替身的成功逆袭，在这个网络短视频时代，恰恰诠释和鼓励着每一位能够成功逆袭者的勇气和精神。而女主角最后营救了"替身演员"的设定，也更深层次地诠释了网络短视频时代参与者是不分性别、不分年龄、不分种族的，是开放和包容的。

其次，对于这部竖屏影片所涉及的情节和桥段来说，作者还原了电影史上的很多经典桥段，如马丁·斯科塞斯的《无间行者》、巴斯特·基顿的《福尔摩斯二世》、史蒂文·斯皮尔伯格的《夺宝奇兵》、约翰·福特的《搜索者》、赛尔乔·莱昂内的《荒野大镖客》、巴兹·鲁赫曼的《红磨坊》、阿尔弗雷德·希区柯克的《西北偏北》、乔治·卢卡斯的《星球大战》、奥利佛·斯通的《野战排》。

这几乎涵盖了好莱坞最引以为傲的经典类型电影，导演通过对默片、有声片、西部片、歌舞片、惊悚片、科幻片、冒险片、间谍片等类型电影桥段的毫无违和感的深度还原和模仿，再一次向观众证明了竖屏画幅下的电影几乎可以胜任各种类型电影，打破了之前很多影评人认为竖屏并不能胜任电影拍摄形式的成见。

最后，导演采用了今天这个时代摄影功能已经十分强悍的手机进行拍摄，这一举动对拍摄电影最核心也是最基本保障的"电影摄影机"进行了一次全面的反叛。

一些影评人对此部影片提出了质疑：这部影片配有传统电影制作专业化的灯光、机器配件、移动器材等电影辅助设备的硬件支持，但其实我们不难发现，灯光、移动器材，甚至美术道具，都并不是一部电影的刚需，很多取材于真实生活的电影，尤其是很多纪录电影，只需要一台摄影机就可以完成整部影片的摄制工作。就像现在短视频的创作者一样，只要情感真实、题材新颖，很多作品甚至不需要额外购买任何专业灯光设备、三脚架、移动设备就可以完成。创作者需要的，仅仅是善于思考的大脑和一部有着摄影功能的手机。

无论是早先的胶片摄影机，还是现在的高质量数字摄影机，电影摄影机一直是制作一部电影的最核心保障，即便是现在淡化了实体摄影机概念的"虚拟摄影机""桌面电影"，也不可能完全消除掉"摄影机"概念的存在。用人人都有的手机去完成一部媲美好莱坞制作精度的大片，对摄影机的彻底反叛，是导演达米恩对短视频时代最为核心的理解。

对于这部制作精良的竖屏短视频作品，在影片的视听语言层面，我们可以归纳出非常多值得借鉴的经验。

在影片每个章节的开始，导演都为这些小片段起了非常有趣的小片名，而片名放置的位置也非常值得我们思考。导演将每个单词单独成行，并且整体地放置于画面的上、中、下三个位置，或者是直接放置于画面的正中间，甚至单词字母竖排。前者的优势在于可以弥补竖屏影像大量上下被留白的空间，给予观众更加饱满的画面张力。后者的优势则在于更加醒目地提醒观众本章节所要表现的主题。当然，文字放置的位置需要结合实际的画面来进行具体问题具体分析，对于可以增色画面张力、参与构图要素、丰富画面信息的题目，可以适当地精简精选片名，与影像进行有机地合成。

随着制作规模的上升，影片所选取的拍摄对象都非常具有竖屏拍摄优越性。大量有跨度的地理场景，比如高耸入云的摩天大楼、相互追逐的楼梯、能够上下升降的停车杆、非常陡峭的峡谷、狭窄幽长的地下通道、细长的绳索，加上西部片中孤傲的人影、舞会中的超大阶梯、绵长的公路、静谧的走廊、俯拍地面的垂直视角，都丰富了影片的内容。这一点在拍摄影片定场的全景镜头时，有非常大的优势。

这些场景的丰富选取是日后竖屏影像创作非常有效的借鉴和参考。我们也可以发现，横屏电影十分擅长表现广阔、起伏明显的大场景，而竖屏影像则十分擅长表现高耸的、陡峭的、有垂直高度差的场景。

《特技替身》章节片名的位置设置。

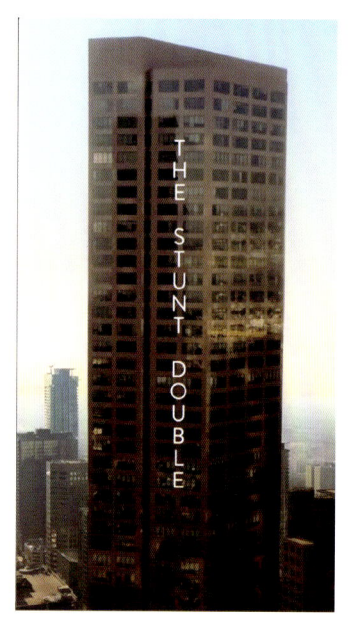

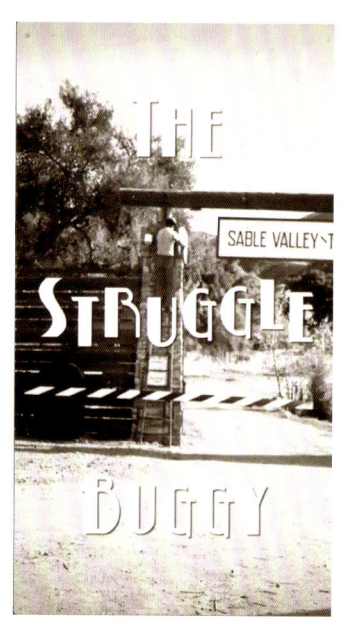

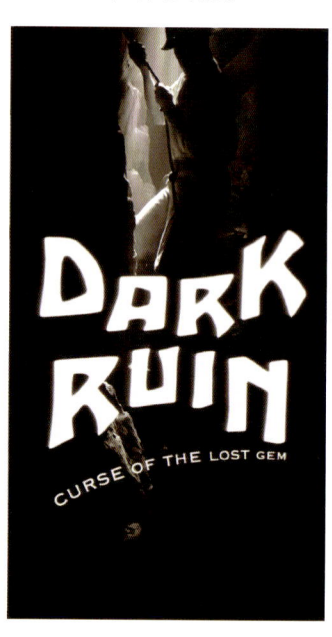

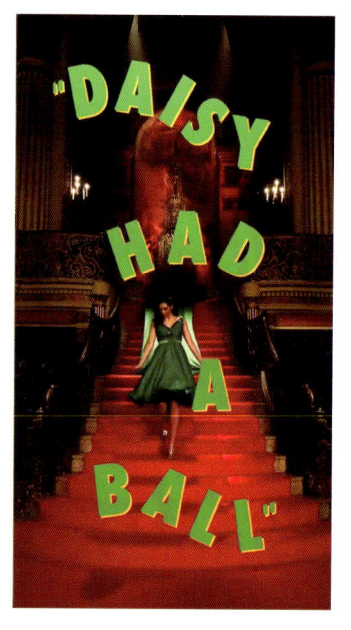

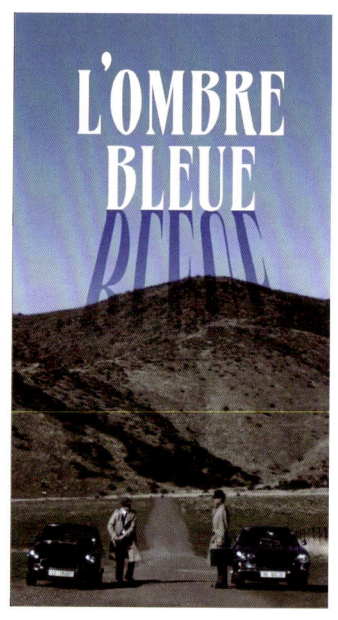

影片中对于特写镜头的运用十分创新。因为人脸是垂直的分布，所以在传统的横屏电影中，很多情况下拍摄人脸的近景或者特写时，为了兼顾人脸的完整性，不得不留出大量的左右空白区域，以寻求更好的比例关系。尤其是在变形宽银幕镜头下，对于这些区域的处理则更加考究：日景的处理方法往往需要寻求更好的后景构成，考虑景深的大小、后景纵深处是否安排更有趣的调

《特技替身》中具有竖屏拍摄独特优越性的场景。

度等；夜景的处理则会考虑焦外是否设计丰富的点光源，如何控制好弥散圆的大小和形状等。但在竖屏影像中，特写镜头的运用出现了全新的方式，竖屏影像的特写排除掉了曾经在横屏电影特写中左右两侧杂乱的干扰信息，直接将人的垂直面庞完整且充实地融入画框之内。这对于人物情绪的细微表现、神态的细微展现和动作的细微呈现都有非常好的放大作用，观众可以更直接地全

《特技替身》中人物特写的镜头运用。

身心融入演员想要传递的情绪当中。

我们还可以看到一些只会在竖屏电影中出现的细节，例如需要垂直进行打板的场记板，这是不是意味着以后会专门开发为了竖屏影像专门设计的场记板，以及胶片传动式的转场方式。

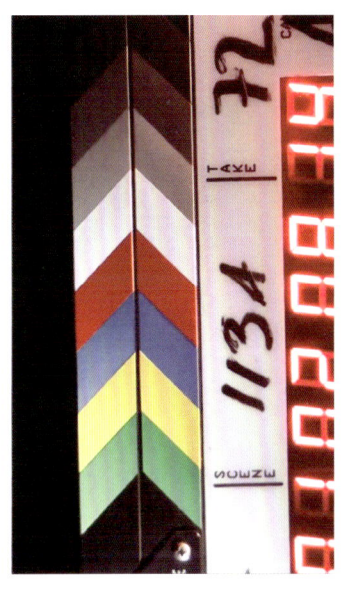

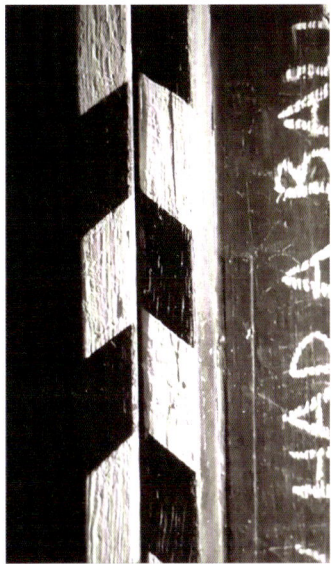

《特技替身》中竖向放置的场记板。

《特技替身》中的胶片传动转场。

第三节 《悟空》（2019）

2019年6月1日儿童节，华为影业宣布与蔡成杰导演合作用华为P30 Pro手机拍摄的竖屏电影《悟空》正式上线。蔡成杰导演曾凭借电影《北方一片苍茫》获得第十一届FIRST影展最佳影片及最佳导演。

《悟空》海报。

影片的主人公是一名叫作张晓笛的小男孩。影片一开始，就营造了非常浓厚的历史感——故事开始于1990年，影片中电视机里播放着的正是第十一届亚运会开幕式（在北京举办），墙上也有1990年的《西游记》主题挂历和北京亚运吉祥物熊猫盼盼。此时的小男孩，正在被父亲拿枝条暴打，妈妈在一旁于心不忍但又不敢上前。原来，小男孩用爸爸辛苦赚钱给他买的钢笔换了同学的电影票，只为了想要去城里看电影《大闹天宫》。虽然挨了打，但在与同学交流后，他还是决定独自前往城市，遂戴好金箍（其实是弹弓）、手电筒和刀，果断出发了。

不料途中的山里下起了大雨，小男孩不慎跌落山谷。当他第二天醒来后，便开始在丛林里钻木取火，无奈太过劳累，他还是沉沉地睡去了。在梦中，他梦见妈妈问他为什么一定要去城市里看电影，小男孩哽咽地说，家里的电视破得像个收音机一样，妈妈则劝他赶快回家。这时，小男孩被山谷中的一条毒蛇咬醒，他赶快自己吸出蛇毒，包扎伤口。

夜晚住宿的山洞中，男孩还把咬他的蛇直接烤了吃掉，并拿出了自己做的金箍，用烧火的树枝做成了金箍棒，在洞里扮起了孙悟空。

接下来的路程，他吃鸟蛋，喝山泉，叉鱼烧烤，吃野果，吃虫子。终于有一天，他碰见了一个身穿后面印有"妖精"字样衣服的卡车司机，搭顺风车的他终于来到了城里，但当他来到电影院的时候，一切都变了。

此时，已经是29年之后，曾经的《大闹天宫》也已经变成了全新的3D修复版本。东局子礼堂也变成了冬橘子剧院，售票员以他的电影票太老为由，不让他进去看电影。

衣衫褴褛的小男孩戴着金箍，拿着金箍棒落魄地走在城市的街头，忽然看见远处两个头发斑白的老人向他走来，一时互相失神。他们的身上印着大大的字样"找儿子"，而衣服上的照片正是小男孩本人。原来，多年以来，父母一直在城内苦苦寻找他，此刻一家人终于含泪团聚。

剧中的主人公小男孩自小崇拜悟空，而孙悟空的形象在近些年的影视产业中可以称得上是头号IP。

孙悟空原型形象的由来说法甚多。1923年，著名学者胡适先生就曾对我国古典名著《西游记》中的孙悟空这一人物形象进行过考证，他认为孙悟空的形象来源于印度的史诗《罗摩衍那》中的神猴哈奴曼。这本史诗成书于公元前300年左右，中文译本大约在三国北魏时期通过佛经的译本流入汉地。同时，在藏地也有诸多《罗摩衍那》的不同译本。

哈奴曼其实并不是一个类似孙悟空一样的猴王，它只是猴王手下的一名大将，作战勇猛的他曾经帮助过阿逾陀国王子罗摩从魔王手中救回妻子悉多。

在形象方面，据说哈奴曼面如红色宝石，全身毛发金黄，身材魁梧高大，有一条非常长的尾巴，其叫喊声如同惊雷，并且力大无穷。与后来的孙悟空十分相像的是，它既可以腾云驾雾飞行，

印度神猴哈奴曼的形象。　　　禹王锁蛟（无支祁）。

又可以移山倒海。在这本史诗的《森林篇》《猴国篇》《美妙篇》《战争篇》中，都有对神猴哈奴曼的详细记载，它也有过下地狱、闯魔宫、搅海洋的传说故事。

而鲁迅先生则认为，孙悟空的原型应该是中国神话中的淮水水神无支祁。

无支祁最早出现在我国神话巨作《山海经》中，相传是一头十分凶恶的水中猿猴，经常引起水患，危害人类。大禹治水时，在天神应龙的帮助下擒获了无支祁，并将其用锁链锁住，镇压在淮阴龟山。

宋代志怪小说集《睽车志》丰富了无支祁的形象，该书表明：水中的妖猴就是一只猕猴精。它跟蛟龙为友，呼风唤雨，打家劫舍，养育侄孙。

我们可以看出，无支祁的早期形象非常符合现在《西游记》中对于孙悟空前传的记载——其在花果山称王称霸，生性顽劣，无法无天。后来孙悟空被如来佛祖镇压在五行山下，也和大禹镇压它的桥段十分相像。

但现版本《西游记》中关于孙悟空在河海中打斗的情节并不多，相反猪八戒原本是天庭的天蓬元帅，手里曾掌握着八万水军，一般碰见水里的妖怪，孙悟空都是让猪八戒打头阵引妖怪上岸，再与之进行决斗。

后来，国际著名东方学大师、语言学家、文学家、史学家、教育家季羡林老先生在对《西游记》、印度文学的深度研究后得出结论："我看孙悟空这个人物形象，基本是从印度《罗摩衍那》

中借来的,又与无支祁传说混合,沾染上了无支祁的色彩。这样恐怕比较接近于事实。"

明代浪漫主义神魔小说《西游记》成书以来,在民间广为流传。小说是当时老百姓最为津津乐道的娱乐方式,因而《西游记》甚至出现了多部续写。明末董说所著的《西游补》和清初佚名所著的《后西游记》,都能有力佐证《西游记》当时在民间的热度。

到晚清民国时期,京剧的成熟再一次革新了当时老百姓的娱乐形式。郝振基、杨少楼等大师对《西游记》进行了深入探索,创造了《闹天宫》《安天会》等一批代表性的经典京剧剧目,推动了"猴戏"成为京剧中一个独立的行当,介于武生和武丑之间。甚至在昆曲、绍剧中,《西游记》都有了新的演绎,比如杨洁导演剧版《西游记》中孙悟空扮演者六小龄童的父亲六龄童先生就是绍剧大家,号称"南猴王"。

20世纪五六十年代,《西游记》中的悟空形象再次通过连环画和动画电影的方式继续火热,《大闹天宫》(1961)堪称当时中国动画电影的代表作。在20世纪80年代,还有《金猴降妖》(1985)这样的动画经典作品出现。

20世纪80年代,杨洁导演、六小龄童主演的《西游记》电视连续剧在中国乃至世界范围内引起极大反响,从1986年首播

1961年版《大闹天宫》海报。　　　1985年版《金猴降妖》海报。

1986年版《西游记》电视剧海报。　　六小龄童扮演的孙悟空形象。

以来，创造了89.4%的收视神话，迄今为止重播3000余次，被翻译成多国语言。六小龄童主演的孙悟空，毫不夸张地说，成为全体中国人对孙悟空的集体记忆。

同样在20世纪80年代，日本游戏公司Capcom开发的街机游戏SonSon，将孙悟空设置成游戏的主人公。自此，孙悟空也通过电子游戏的方式继续延伸自己的角色属性。

20世纪90年代，周星驰用无厘头喜剧的形式饰演了电影《大话西游之大圣娶亲》（1995），为孙悟空的形象赋予了爱情IP的属性，并且在近年的电影《西游·降魔篇》（2013）和《西游·伏妖篇》（2017）中再次诠释，收获了不俗的票房表现。自此，随着大众传媒的发展，电视、电影成了孙悟空形象更好的表现方式。

时至今日，孙悟空的形象已经被应用到各行各业中，例如中国的暗物质粒子探测卫星就被起名为"悟空"，而华为的新操作系统，也被称为"鸿蒙"，取自《西游记》中对悟空的描述："鸿蒙初辟原无姓，打破顽空须悟空。"

华为的首部竖屏微电影《悟空》，就迎合了孙悟空这个可以代表中国人情感价值取向的成熟IP。这部《悟空》出世的时间，正处于中美贸易战华为被美国制裁的白热化阶段，在这个时代背景下，该片也难免被赋予了更为深刻的背后含义。事实也证明，这部影片在当时引起了中国网友的深刻解读和激烈讨论。

影片开头，1990年的时代背景，正是华为开始自主研发第一代面向酒店与小企业的PBX（用户级交换机）技术并进行商用的第一年。而小男孩，正像是华为公司自己的缩影。

影片中出现的钢笔，则代表着先进的国外技术。那时中国人想用的高科技产品都需要国内一点一点攒钱向国外购买，小男孩

华为P30 Pro版《悟空》部分截图。

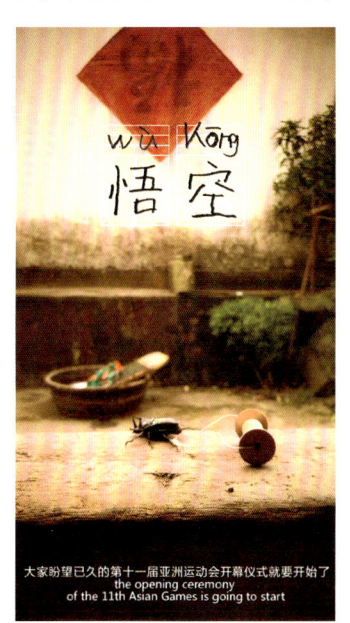

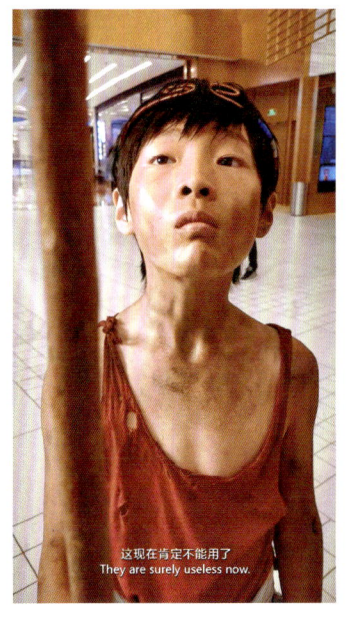

131

《悟空》拍摄及后期花絮。

把钢笔换成了电影票,代表了想要用国产去替代掉进口的愿景和执着。

童年的伙伴告诉他走近路就要翻身越岭,进山前行,所表示的正是要开拓广大的农村中低端市场,做好积淀。1992年,华为研发并推出了第一代农村数字交换解决方案,并因为农村市场的开阔,获得了可观的利润,渐渐站稳脚跟。

进山的三件武器也各有深意,其中金箍以及后来在山洞中改造的金箍棒代表着扫除艰难的悟空精神,手电筒要瞄准明确的目标,刀暗示打铁还需自身硬的过硬技术。

在山里,小男孩历经了艰难险阻,险情不断,正代表着艰难创业初期的华为。20世纪90年代末至21世纪初,小灵通迅速普及,但华为还是坚持顶着压力将研发重心放在了3G网络上。只是当时国家相关部门并未颁发 3G 牌照，华为因此曾一度连连亏损。

终于，小男孩看到了开往城市的货车，但与他同行的人却是身穿"妖精"字样的死对头。这个"妖精"一方面可以认为是当时华为最大的敌对对手美国，一方面也可以理解为众多的对手。但即便是对手也免不了合作和搭便车，共同发展。

进入城市的小男孩，终于看到了 3D 剧目修复版《大闹天宫》在上映。这部电影首次上映时间是 2012 年，也正是华为荣耀系列手机着力成为自己独立品牌的时段。而检票员手中的电影票，上映日期则是 2019 年 9 月 22 日，在当时，这也引起了业界对于华为自主研发的"鸿蒙"操作系统发布日期的很大猜测，但最终华为鸿蒙系统于 2019 年 8 月 9 日发布。

影片的最后，历经艰辛，收获成长，但还是有些失落惆怅走出剧院的男孩碰见了一直没有放弃他的父母和悟空玩具。原来，这么多年，父母永远都是他坚强的后盾。这正隐含着我们伟大祖国永远在背后支持正义的、有理想的民族企业家的深刻寓意。

第四节 《生活对我下手了》（2018）等

网络短视频发展初期，的确经历了相当长一段时间的"野蛮生长"，各类参差不齐的内容充斥在网络短视频平台上。但随着市场渐渐成熟，更加优质精细化而不是粗放制作的短视频作品，才会在众多纷杂的内容中脱颖而出。

短视频平台大火，对于视听消费的娱乐领域，不光是电影和电视剧，对于传统长视频的网络平台也造成了非常大的冲击。这也导致今天各大平台的一个显著发展趋势：靠短视频起家的网络平台正在非常努力地尝试向升级内容质量的方向发展，比如字节跳动旗下的西瓜视频开始涉足长视频领域，抖音、快手、陌陌、火山小视频等开始涉足综艺领域，在例如《明日之子》《火星情报局》《吐槽大会》《蒙面唱将》等大量有知名度的综艺节目中广泛地开展广告投放。相比之下，已经有相当名气的"爱优腾"（爱奇艺、优酷和腾讯视频的合称）网络长视频平台则开始考虑制作更高质量的微剧、微综艺。

早在2012年，在搜狐视频平台上就出现了《屌丝男士》这样的迷你网络情景剧。2013年，优酷则推出了爆款迷你网络剧《万万没想到》，单集时长6分钟左右，被称为当年网络第一神剧。而通过这两部迷你剧迅速火热的导演"大鹏"和"叫兽易小星"并没有选择继续在迷你剧领域深耕，而是将职业发展目标投向了院线电影领域。他们的转型的确让中国优质的网络迷你剧发展出现了一小段时间的断层，但他们的创新尝试却为观众打开了更加新奇的娱乐方式。2014年被称为"网络自制剧元年"，这一年涌现了大量制作精良的优秀网剧，例如爱奇艺的《灵魂摆渡》、腾讯的《探灵档案》等。

2017年6月，腾讯新闻出品了竖屏脱口秀节目《和陌生人说话》，曾经凤凰卫视的金牌制作人陈晓楠担任主持人。对话的对象有"杀马特教父"罗福兴、"明日之子"新星赵天宇、"双肺作家"吴玥、《我为死囚写遗书》的作者欢镜听等。每集15分钟左右的内容，第一季豆瓣评分高达 9.3 分，但这个优质内容的节目收视率后来并未高涨。

2018 年爱奇艺一年一度的"悦享会"上，爱奇艺创始人、首席执行官龚宇表示："现在到了一个转折点，爱奇艺认为竖屏内容一定会变成未来的一个主流方向，并且从草根型的内容主导变成专业型的内容主导一定是趋势……这种形势下，观看的方式、消费方式的变化，也会影响到营销。"

同年，企鹅影视高级副总裁王娟在腾讯 V 视界大会上提出了"生死 7 分钟，黄金前 3 集"的观点：在看一部新剧时，有 35% 的用户仅观看了第一集前 7 分钟就弃剧了，40% 的用户会在前三集弃剧。

在这种形势下，作为典型的网络长视频平台的爱奇艺开始用专业化的制作团队去探索竖屏视频的内容和更加合适的商业运作模式。

2018 年 11 月 26 日，爱奇艺正式推出首部竖屏微网剧《生活对我下手了》。该片由开心麻花导演乌日娜、新晋导演李亚飞联合执导，主要出演的既有辣目洋子、包贝尔、马丽、沈凌等知名喜剧艺人，还有网名"毒角 show""倒霉侠刘背实""嗯呐朱莉""是个郝仁""暴走萝莉尧洋"等十余位本身就是搞笑短视频创

竖屏网络短剧《生活对我下手了》海报。

作者的加盟。在演员阵容上，做到了喜剧演员和搞笑短视频网红的双重搞笑混搭。

该剧第一季分为了48集，平均时长控制到了3—5分钟，讲述了48个非常有趣的社会热点现象和故事。比如我们逛商场经常碰到的"柜姐"，比如工作中令我们头疼的"甲方"，等等。根据当年爱奇艺行业速递微信公众号发布的数据统计，观看本剧的用户中30岁以下的占比74%，而性别画像中60%为女性观众。

2019年12月，由腾讯微视和腾讯动漫联合出品的漫改竖屏网剧《通灵妃》上线腾讯微视，在著名视频网站B站上瞬间夺得搞笑榜和电视剧榜的首位，短短一周时间，播放量就突破了1亿，在第二周仍然火热，播放量突破2亿。

2020年1月，优酷制作的第一部竖屏短剧《加油吧，思思》上线，更是创立了"马桶剧"概念，释义为用上厕所的时间就能看完的短剧，完美地利用好如厕的碎片时间，为观众带来身心舒畅的体验。

近年影视行业资本缩水严重，制作一般在百万元预算之内的竖屏网剧是不是网络短视频行业的另一条发展路径？在今天的时代背景下，竖屏网剧已经有了不可比拟的天生优势。

第一，竖屏网剧与网络短视频的发展时期几乎同步，其内容与主演一般不选择当红的明星作为主角，网络短视频平台上的流量人气创作者可以用最低的成本收获更高的关注度。

第二，《2021中国网络视听发展研究报告》显示，我国9.44亿网络视听用户中，28.2%会选择倍速观看视频，尤其是"00后"用户群体有近四成选择倍速观看方式。竖屏网络短剧恰好迎合了这一现代快节奏生活下观众的观影习惯，短小精悍的内容让观众根本不用倍速即可快速观看完毕。

第三，传统网络长剧的片头广告植入往往时间过长，有开会员才能跳过等门槛，但竖屏网剧在更短的时间内用观众根本来不及反应的时间进行突发的、有趣的广告植入。面对网络视听领域的资本市场，竖屏网剧制作已经开始有一定的资本进入。这可以再进行反哺，大幅提升竖屏网剧的制作精度，增强作品的竞争力。

第四，竖屏网剧的内容题材可以是碎片化的生活片段，也可以是精细制作的连贯剧情，选题十分丰富且灵活。

第五，网络短视频和竖屏时代下，哲学上的"凝视"理论得到了进一步验证与延伸。观众面对无时无刻不存在的短视频影像，这种现象对原有的单向认识世界的"凝视"理论的进一步发展提供了现实依据。

著名心理学家阿尔弗雷德·弗洛伊德认为，凝视也可以是一种个体自身的行为，例如自我对自我的审视，自己对自己的迷恋。而之后的保罗·萨特则认为，凝视不一定是眼睛的专属，凝视可以是他人对自己的凝视，因此将凝视上升成了一种社会行为。雅克·拉康则将凝视解读为一种包含他者和自己的想象性目光，指出人的欲望就是他者的欲望，你以为自己需要的东西，其实都是别人赋予你的压力。米歇尔·福柯则认为，凝视是一种权力，而被凝视是一种压迫，他人的凝视是对自己的一种规训，并有了著名的"全景监狱理论"，那就是在一个环形的建筑空间内，四周被分为多个囚室，中间有一座瞭望塔，犯人永远假定狱卒时刻在监视，因此规范自己的行为。女性主义电影评论家劳拉·穆尔维则根据福柯的观点，在1975年的论文《视觉愉悦与叙事电影》中进一步提出了"男性凝视"的观点，其主要的总结就是，女性是被男性观看的对象，并且受制于男权背后所规定的审美和势力。

这就如同今天的网络短视频，一方面，典型的网络主播正是依靠观众的"凝视"来进行自我构建，互联网时代网络主播的个体性几乎完全被观众入侵，其所要展现的内容，正是观众想让他展现的内容；另一方面，与网络接轨的网络短视频内容的创作与无处不在的广告、带货、直播相结合，现在也在面临内容被观众、被市场、被资本凝视和操控的境地，因此也会变得缺少新意，逐渐类型化并固化。

但通过前述中外多部优秀竖屏短剧的案例分析我们可以看到，它们可以启发网络短视频创作者在未来的创作中于不变中逐渐用心去寻求变化，创作出内容更优秀的作品。

第八章 网络短视频剪辑软硬件讲解

第一节 网络短视频剪辑软件讲解

一、Adobe Premiere 和 Final Cut Pro 的优势比较

如今网络短视频的制作标准正在逐渐提高，开始慢慢向专业领域靠拢。创作者在制作网络短视频作品时使用的各类剪辑、包装、特效软件纷繁错杂，一般可分为两大类：一方面，有专业影视项目制作使用的 Avid、Adobe Premiere、Final Cut Pro，广播电视领域常用的 Eduis、配有剪辑功能的 DaVinci Resolve；另一方面也有类似剪映、VUE、IMovie 等支持手机端并且横跨电脑端的便捷剪辑软件。

本书接下来的剪辑软件讲解部分，会倾向于推荐目前比较成熟且适用于微软 Windows 和苹果 Mac 平台的 Adobe Premiere，以及适用于苹果 Mac 平台的 Final Cut Pro，作为主要讲解与案例分析。至于现如今大家常用的"剪映"，其在页面设置和剪辑思路上比较倾向于 Final Cut Pro 的界面设置和操作习惯，甚至内置了这两款软件的快捷键预设，本书不予赘述。

首先，运算优势与系统兼容性比较。

以影像和图形处理起家且引以为傲的苹果公司，有自己相对封闭且较为完善的软硬件体系，构建了自己较好的生态体系和优化体系，尤其对于自家的 Apple ProRes 编码有着非常好的运算性能。此外，Apple ProRes 还是众多例如 ARRI、RED、大疆悟 2（DJI Inspire 2）、大疆御 3（DJI Mavic 3）大师版等高端摄影机和航拍机可选的录制选项，用较低的码流承载了较好的画质。Final Cut Pro 是苹果自家设计并专门运行于自家 Mac 平台的剪辑软件，在高端型号苹果电脑上该软件还有为其专门设计的加速卡可供选择。

而拥有大量知名图形处理软件的奥多比（Adobe）公司的 Adobe Premiere 产品，则将自己软件的兼容性做到了最好，它可以横跨占据大量 PC 端市场的 Windows 系统，也在相对封闭的 Mac 系统中占据自己的一席之地。因为 Windows 系统的开放性，PC 电脑可以进行丰富的有针对性的 DIY 配置，进行显卡、内存、

硬盘的大量升级，相对于苹果电脑而言，可以大幅度拓宽配置的上限。Adobe Premiere 的剪辑性能和流畅度在此基础上也可以不断进行上限的提高。相较 Final Cut Pro，Adobe Premiere 可以有更多的输出格式选择，广泛地适用于电影、电视剧、流媒体影像等剪辑。

其次，界面设计比较。

Final Cut Pro 页面的设计风格延续了苹果公司一贯的极简风格，操作界面非常干净整洁明晰，这对刚接触剪辑软件的新手来说，是非常容易接受的。

Adobe Premiere 的界面相对而言更像传统的剪辑软件，有非常专业化和详细的内容布局，新手接触需要适应一段时间，尤其从 PR CC2015 版本开始，其工作流程就变得和调色软件 DaVinci Resolve 一样，可以在各种不同的界面模块中进行切换，在初步使用的视觉观感上相对来说较为复杂。

最后，操作性与实用性比较。

Final Cut Pro 在操作和使用上十分人性化和便捷化，软件本身就内置大量的特效、转场、字幕等模板，并且有诸多绚丽的额外配套插件可以安装，因此十分容易上手，是一款新手就能够快速给素材添加效果的剪辑软件。

而 Adobe Premiere 内置的效果则少很多，配套的插件也远没有 Final Cut Pro 丰富，还需要通过自家的另一款强大的后期特效软件 Adobe After Effect 进行很多特殊效果的制作。

鉴于以上种种，在制作单轨道的短小精悍的短视频和短的影视项目时，Final Cut Pro 和 Adobe Premiere 总体来说差别不大。但 Final Cut Pro 更适合一些短小精悍的创意短片、广告片、短节目等追求绚丽效果的影片，而 Adobe Premiere 更适合一些较长的电影、电视剧、宣传片等的剪辑。

二、Adobe Premiere 2020 Mac 版本的实际操作流程

1. 新建项目

名称：为项目命名。

位置：选择项目储存的地方。

收录设置：转码需要下载 Adobe Media Encoder（版本号需要与 Adobe Premiere 对应）。

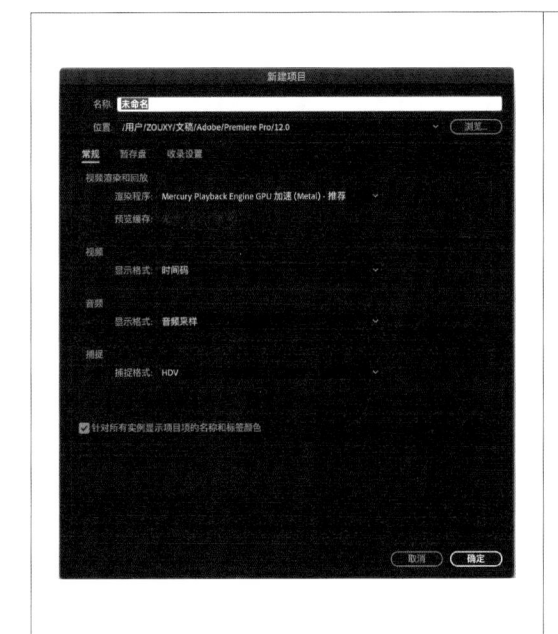

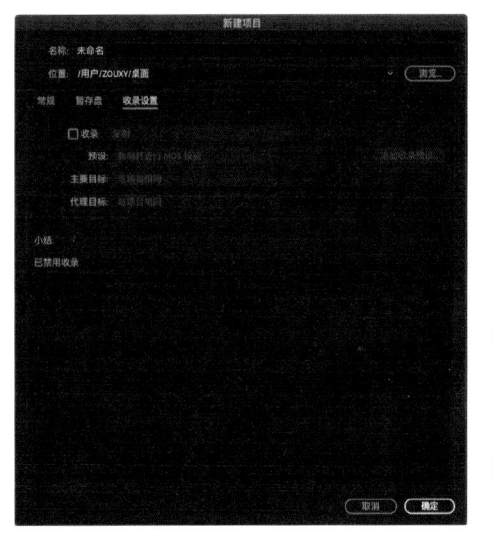

2. 素材导入

在"文件"菜单中选择"导入"（Com/Ctrl+I）【苹果系统为 Command，简写为 com，Windows 系统为 Control，简写为 ctrl】，或者在"导入媒体以开始"处双击。

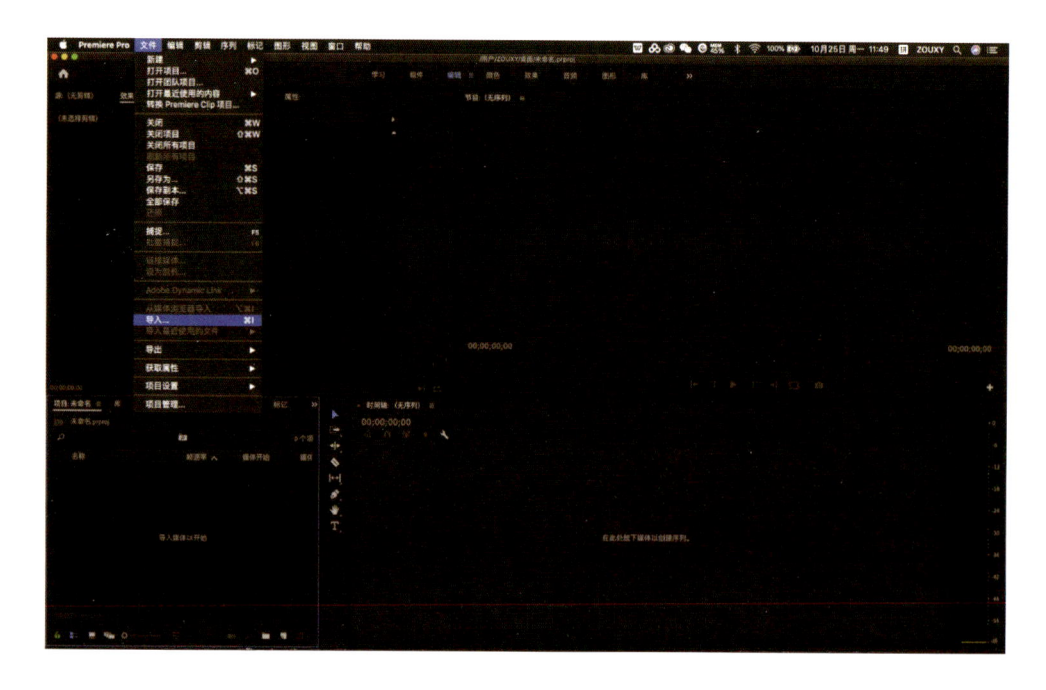

3. 素材面板解读

视图切换功能：列表、图标、自由视图。	
素材查找功能：素材名、标签颜色、场景等。	
素材箱：相当于文件夹，将素材进行整理。	
新建项：序列、调整图层、颜色遮罩等。	

(1)自由视图

按住"~"放大素材窗口,可手动对素材进行位置的拖拽。鼠标滑动素材画面可打入、出点(图标模式下同样)。

(2)序列

自定义:根据预设选择或者自定义更改,可保存预设,方便下一次使用。

直接拖拽:将所需要剪辑的视频拖拽到"新建项"处则自动生成序列,其帧率和分辨率根据第一个拖拽的视频参数进行设置。

(3)调整图层

对时间线上的素材进行整体效果添加,如"调色""视频效果"应用等。

在新建项中点击"调整图层",在弹出来的窗口中为其数据进行设置(根据序列设置)。

创建好的调整图层放置在素材窗口中,可将其拖拽至时间线中。

（4）颜色遮罩

利用颜色遮罩制作"闪白"、黑遮幅等效果。

在"新建项"中点击"颜色遮罩"，在弹出来的"拾色器"窗口中为其进行数据设置（根据序列设置）。

创建好的调整图层放置在素材窗口中，可将其拖拽至时间线中。

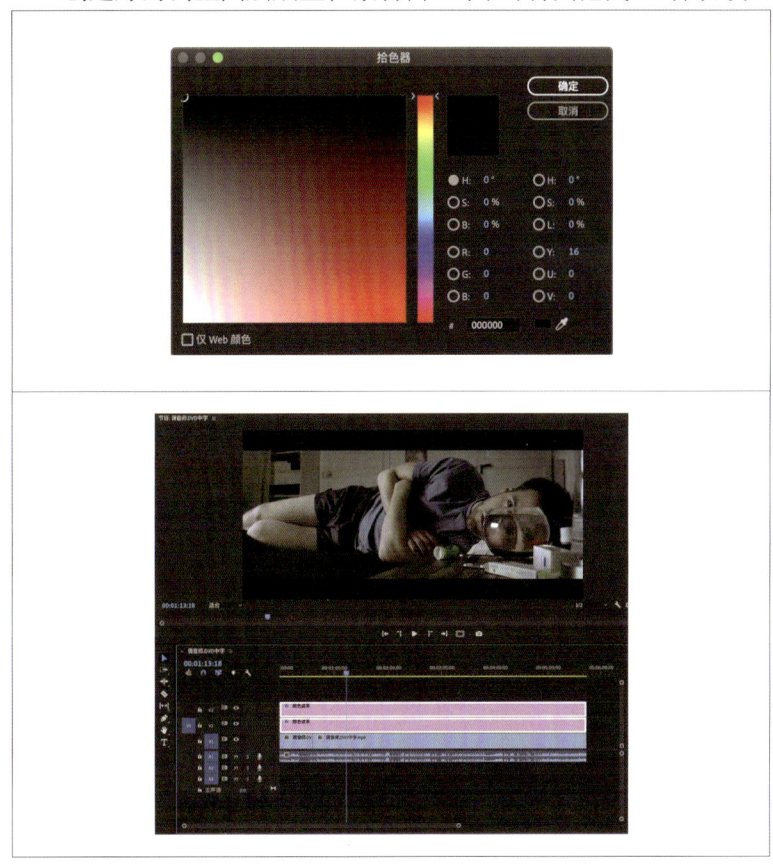

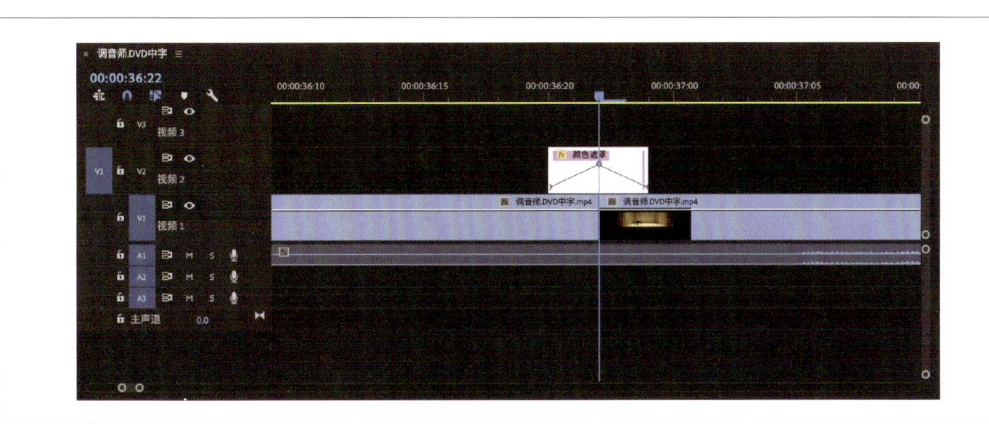

4. 素材导入时间线

一整条导入：源窗口拖拽至时间线。

打入、出点导入：源检视窗 I/O 打入、出点，可单独拖拽视频或音频。

快捷键为逗号（插入）、句号（覆盖）。

5. 工程保存

手动保存：Com/Ctrl+S。

自动保存："首选项—自动保存"，时间间隔根据习惯设定。

6. 界面布局

根据自己的剪辑习惯调整窗口布局。

窗口—工作区："重置为保存的布局"（Option/Alt+Shift+0）或者"另存为新工作区"。

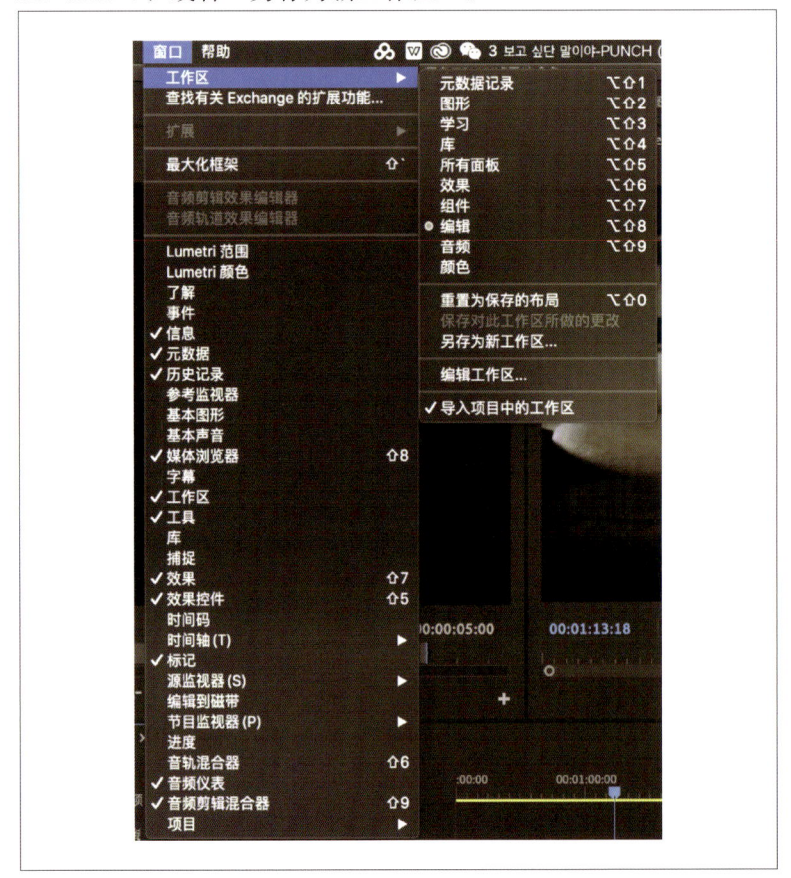

7.时间线栏

（1）工具介绍

选择（V）。

向前/向后选择（A/Shift+A）：用于素材整体移动。

波纹编辑（B）：用于素材无缝隙编辑。

其中滚动编辑（N），用于素材入、出点编辑；比率拉伸（R），用于快速编辑素材的速度。

剃刀（C）：切割、一刀切不用切换工具。

外滑（Y）：不更改剪辑长度下改变素材内容（一般不使用）；内滑（U）：移动素材入、出点。

钢笔（P）：用于打关键帧。

手形（H）：时间线滑动，快捷键为Com/Ctrl+鼠标滚轮，画面拖动。

文字（T）：一般不使用这部分添加文字。

（2）功能键介绍

将序列作为嵌套或个别剪辑插入并覆盖：图标点亮情况下，把嵌套拖进序列就是嵌套的形式，反之不点亮就是拖进来素材。

在时间轴中对齐：点亮情况下，素材之间会有吸附，反之不会吸附。

链接选择项：点亮情况下，当你把视频素材拖到时间轴上，视频和音频是同步的，反之视频和音频会自由分离（原理跟取消链接类似）。

添加标记：给素材打标记点，多用于音乐剪辑。

时间轴显示：最小化/展开轨道（Shift+加/减号）

（3）视音频轨道

对插入和覆盖进行源修补：用于素材插入或覆盖时导入的轨道选择。

以此轨道作为目标切换轨道：用于时间线剪辑素材跳转应用的轨道。

切换轨道锁定：锁定时该轨道不会受到剪辑影响。

切换同步锁定：锁定时该轨道不会受到剪辑影响（更快捷）。

切换轨道输出：开启/隐藏轨道。

静音轨道：关闭轨道声音。

独奏轨道：单独显示轨道声音。

画外音录制。

右键：删除/添加轨道。

（4）时间线控制

自适应：斜划线（\）。

放大/缩小时间线：加/减号，Option/Alt+鼠标滚轮。

放大/缩小视频轨道：Com/Ctrl+加/减号。

放大/缩小音频轨道：Option/Alt+加/减号。

最大/最小化视频音频轨道：Shift+加/减号。

滑动时间线：Com/Ctrl+鼠标滚轮。

（5）按钮编辑器

点开+号图标选择常用功能器将其拖拽出来，不需要的可以拖拽扔掉。

常用功能器："转到入/出点""清除入/出点""转到上/下一个标记""安全边框""导出帧"。

8. 效果控件（每一项都能打开关键帧）

运动：取消勾选等比缩放即可单独对长宽进行编辑。

不透明度：可画蒙版并进行调整。

混合模式：根据画面效果选择相应模式，去黑选"变暗"系列，去白选"变亮"系列。

音量：通过"级别"调整音量大小（注意不要打关键帧）。

9. 效果面板

视频过渡：交叉溶解，渐隐为白色，渐隐为黑色。

音频过渡：交叉淡化，恒定功率。

视频效果：

变换—裁剪：给视频变换画幅。

扭曲—变形稳定器VFX：给视频增稳。

模糊与锐化—高斯模糊：模糊效果。

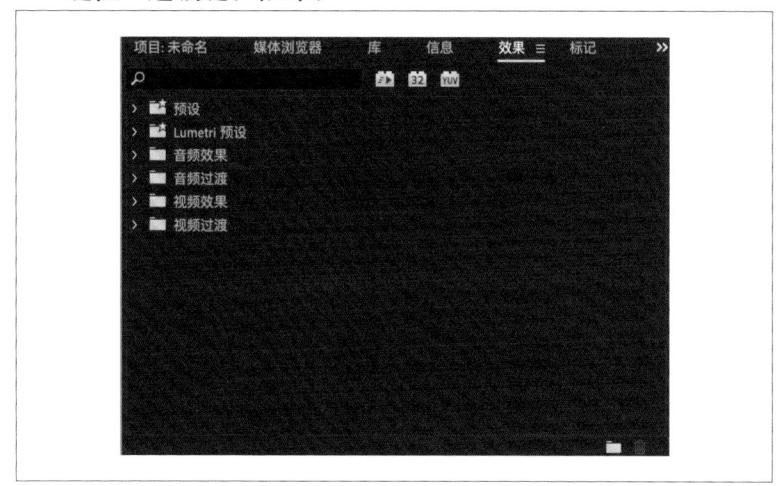

键控—超级键：抠绿。

10. 字幕

旧版标题：文件—新建—旧版标题。

竖版/横版。

中心：文字布局。

属性：字体系列（可用鼠标滚轮切换）。

描边：内/外描边。

旧版标题样式：右键可以新建样式。

滚动字幕：勾选"滚动""开始于屏幕外""结束于屏幕外"。

11. 颜色面板

基本校正：

进行基本的色温、色调、曝光、对比度、饱和度的调整。

"输入 LUT"中可选择"预设"或者"加载下载的 LUT"。

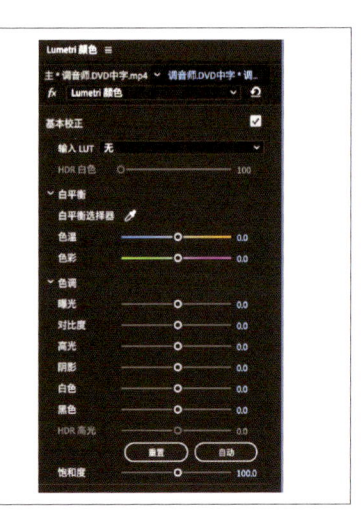

12. 视频特效

右键视频中的"fx"：

不透明度：Com/Ctrl+鼠标左键打关键帧（和效果控件中的"不透明度"一样）。

时间重映射—速度：Com/Ctrl+鼠标左键打关键帧。

13. 速度调整

剪辑速度/持续时间：视频右键（Com/Ctrl+R）调出速度面板，可倒放和更改速度，适用于整条素材速度编辑。

比率拉伸工具（R）：直接拖拽视频即可控制速度（拉长为减速，剪短为加速），适用于使速度适应剪辑长度。

fx时间重映射：利用关键帧打点的方式更改速度，适用于分段变速。

14. 导出

I/O 键选择导出部分。

文件—导出—媒体：Com/Ctrl+M。

格式：较好质量建议优先选择 H.264 或者 QuickTime。

预设：根据需要自行设定。

输出名称：命名，导出位置。

摘要：检查导出是否和序列设置相同。

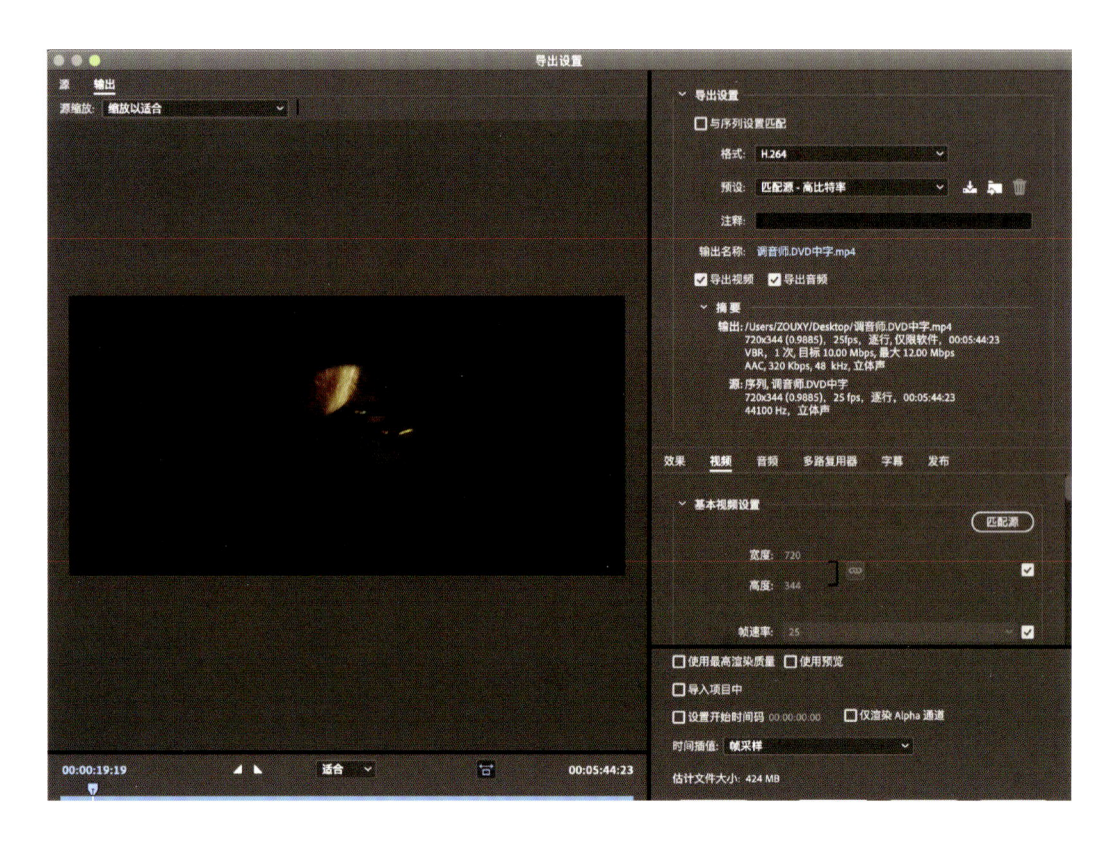

三、Final Cut Pro 10.5.2 版本的实际操作流程

1. 新建资源库

文件—新建—资源库：进行命名和位置选择。

2. 素材导入

点击"导入媒体"，或者文件—导入—媒体（Com+I）

（1）导入方式：

文件夹：选中文件夹导入的就是文件夹。

素材：选中素材就导入素材。

（2）事件：

添加到现有事件：建立多个时可选择相应的事件文件夹。

创建新事件：可重命名。

（3）文件：

拷贝到资源库：打包拷贝到资源库，方便存到外置硬盘打包带走工程。

让文件留在原位：素材不进行拷贝，保持在原有位置。

选中素材所在位置，右键"个人收藏"则会将此位置添加到左边"个人收藏"栏中，方便素材导入（不需要时右键"从边栏移除"）。

（4）关键词：

从"访达"标签导入：在外部文件夹的素材上打了苹果自己的彩色标记点，导入时会保留标记。

从文件夹导入：导入时保留所建文件夹名称（外部整理素材勾选，否则不选）。

（5）分析视频：默认不勾选。

（6）转码：性能较好的电脑可以创建优化媒体 Apple ProRes 422 格式；性能较差的电脑可以选择创建代理媒体 Apple ProRes 422 Proxy 格式或 H.264 格式。剪辑时用"代理"，输出时务必切回"优化大小原始状态"（会自动提示）。

（7）分析音频：默认不勾选即可。

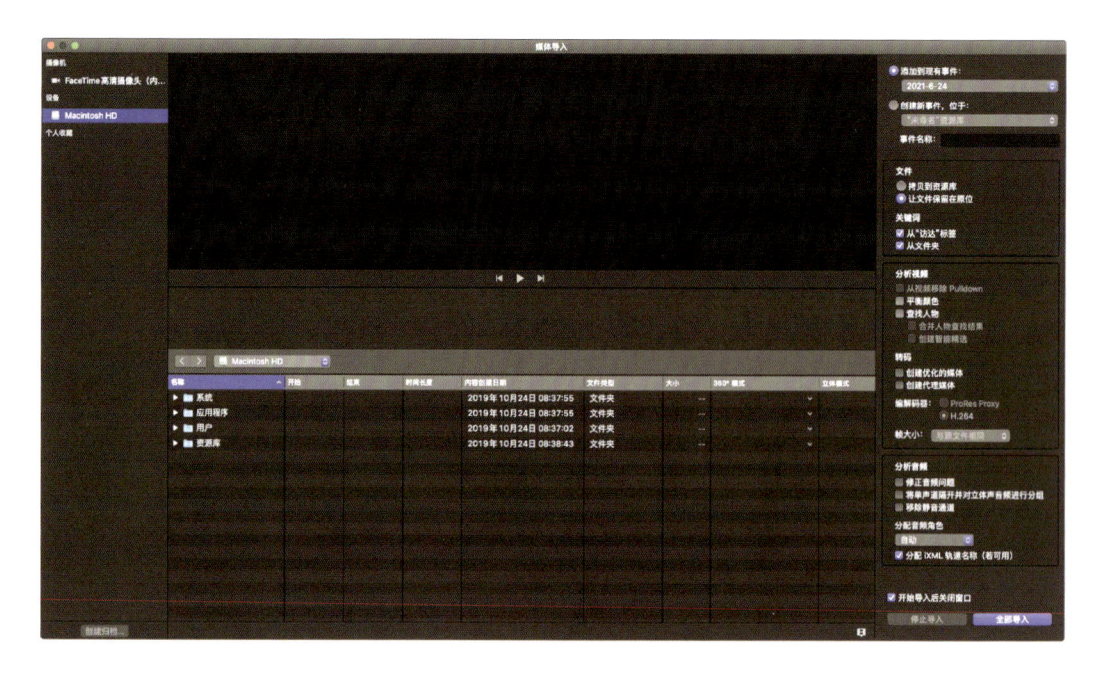

3. 新建类别

新建事件：可按日期建立（如：2021.11.1）。

新建项目：新建时间线。

新建文件夹：按需求整理关键词信息（摄影机、场景、时间）。

新建关键词精选：按需求分类整理素材（卡号、时间、场景）。

4.媒体池

（1）删除素材：一定不能直接Delete，需要右键"移到废纸篓"或Com+Delete(被Delete的素材不会被移除，而是调入到"被拒绝"的分类里，相当于手机相册中的"最近删除"）。

（2）显示方式：列表/连续画面。

（3）片段外观及过滤菜单：

显示画框大小、素材时间长短。

分组方式，排序方式。

波形，连续播放。

（4）搜索栏。

5.片段显示的设置（方便更好地寻找到素材）

（1）所有片段（Com+C）。

（2）隐藏被拒绝的（Com+H）：显示被Delete的素材。

（3）无评价或关键词（Com+X）。

（4）个人收藏（Com+F）：可将好的镜头列入收藏，方便找到。

（5）被拒绝的（Delete/Com+Delete）：相当于手机相册中的"最近删除"，只是被隐藏起来了，素材依旧在工程中。

（6）未使用（Com+U）：没有在时间线上使用过的素材。

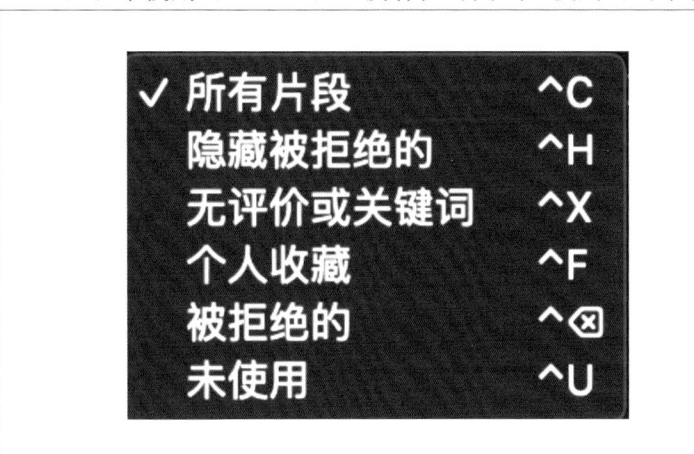

6.时间线面板

(1)新建项目

自动设置：命名，事件位置（根据第一个视频片段属性进行设定）。

自定设置：分辨率、帧率。

(2)工具栏

选择（A）。

修剪（T）：滑移改中间，滑动改两边（配合 Option）。

位置（P）：开关时间线磁力。

范围选择（R）：框选一段素材，可将音量进行单独调整。

切割（B）：Com+B 快速切割。

缩放（Z）：Com+ 加/减号，放大缩小时间线；Shift+Z，自适应。

手（H）：滑动时间线，拖动画面。

(3)剪辑功能栏

分为主片段剪辑（直接在时间线上剪辑）和子片段剪辑（单独创建一条黑场），以下快捷方式适用于主片段剪辑。

可切换全部（Shift+1）、仅视频（Shift+2）、仅音频（Shift+3）。

叠加（Q）：放在时间线视频上方。

父子级关系：按住"~"移动父子级，子级不跟着动。

音乐联动：Option+Com 点击音频位置即可联动相关视频素材。

插入（W）：插入到主片段里。

追加（E）：方便快速罗列时间线，顺势后放，比拖拽精准。

覆盖（D）。

（4）时间线预览模式

视频浏览（S）：鼠标滑动素材即时播放视频内容。

音频搓擦（Shift+S）：鼠标滑动素材即时播放视频内容并播放音频。

独奏（Option+S）：单独显示一段音频或视频。

吸附（N）：默认开启，关闭后移动素材不会自动吸附相邻素材。

时间线片段外观：轨道高度、时间线长度、视音频显示等。

7.检查器面板

视频检查器、颜色检查器、音频检查器、信息检查器。

(1) 视频检查器

复合：混合模式、不透明度。

变换：位置、旋转、缩放、锚点。

裁剪/修剪。

变形。

防抖动。

果冻效应。

空间符合。

(2) 颜色检查器

切换面板进行调色，右下角可存储调色预设。

显示—视频观测仪，调出视频示波器。

检查器面板中可对调色各面板进行删除。

颜色板：颜色、饱和度、曝光。

色轮：色温、色调、色相等。

颜色曲线：红、绿、蓝。

色相/饱和度曲线：色相vs色相、饱和度、亮度等。

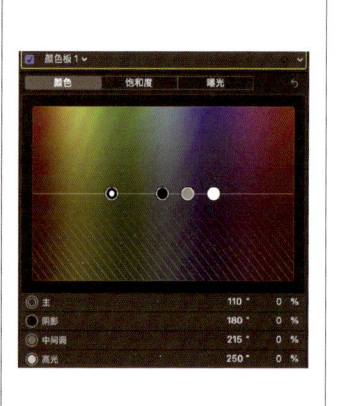

（3）音频检查器

音量。音频增强。均衡：可对音频做分析并选择相应效果。声相：各种模式。	

（4）信息检查器

主要用于查看素材信息。	

8. 效果面板

在视频效果器面板中调整效果，删除点击 Delete。

风格化—晕影：暗角效果。

模糊：高斯模糊。

抠像—抠像器：抠蓝绿背。

自己安装的外置效果插件。

9. 转场面板

叠化：交叉叠化，淡入淡出到颜色。

光源：模拟闪光灯效果。

外置转场。

10. 字幕

位置：字幕和发生器—字幕。

类型：

基本字幕（Com+T）：搜索"字幕"或在"缓冲器/开场白"里找。

标题字幕：构建出现/消失—居中。

片尾演职人员：制作人员—滚动。

设为默认：右键某字幕，设为默认"下三分之一"（Com+Shift+T）。

字幕检查器：淡入淡出效果开启关闭。

文本检查器：基本调整、3D文本、投影等（在顶部下拉菜单中可存储格式属性）。

11. 速度控制

选取片段重新定时选项。

选中片段（Com+R）。

高级变速：Shift+B 切割速度，拖拽速度条，可以做到很多创意短片的坡度变速。

12. 视音频特效

视频：

右键片段选择"显示视频动画"或 Com+V。

Com+ 鼠标左键：打关键帧。

音频：拖拽音频首尾条可进行淡入淡出。

13. 导出

文件—共享—母版文件（Com+E）。

设置：格式选择"电脑"，则为 mp4 尾缀视频文件；选择"视频和音频"则为 mov 尾缀的 ProRes 压缩编码视频。

存储位置，命名。

第二节 短视频的影视创作器材收录

一、手机及运动相机

以苹果（iPhone）、华为（HUAWEI）等品牌为代表，很多智能手机有着较强的摄影功能，是短视频摄制的有力手机设备。短视频的大量应用平台就存在于手机互联网端，通过这些手机进行拍摄录制，甚至是剪辑调色和 CG 制作并直接上传互联网平台，节约了大量的工作流程时间。

1. 以苹果（iPhone）15 Pro Max 为例

iPhone 15 Pro Max 2023 年 9 月发布	尺寸、重量与电池容量	159.9 毫米 ×76.7 毫米 ×8.25 毫米，221 克，4422 毫安时
	显示屏	超视网膜 XDR 显示屏，6.7 英寸（对角线）OLED 全面屏，2796×1290 像素分辨率，460ppi 像素密度。
	防溅、抗水、防尘性能和最大存储空间	在 IEC60529 标准下达到 IP68 级别（在最深 6 米的水下停留时间最长可达 30 分钟）。最大存储空间为 1TB。

摄像头技术参数	（1）4800万像素主摄像头：24毫米焦距，f/1.78光圈，第二代传感器位移式光学图像防抖功能，七镜式镜头，100% Focus Pixels，支持超高分辨率照片（2400万像素和4800万像素）。 1200万像素超广角摄像头：13毫米焦距，f/2.2光圈和120°视角，100% Focus Pixels。 1200万像素2倍长焦摄像头（通过四合一像素传感器实现）：48毫米焦距，f/1.78光圈，第二代传感器位移式光学图像防抖功能，100% Focus Pixels。 1200万像素5倍长焦摄像头：120毫米焦距，f/2.8光圈，3D传感器位移式光学图像防抖和自动对焦，四重反射棱镜设计。 5倍光学变焦（放大），2倍光学变焦（缩小）；10倍光学变焦范围，最高可达25倍数码变焦。 （2）自适应原彩闪光灯、光像引擎、深度融合技术、智能HDR 5。 （3）人像模式，支持先进的焦外成像和景深控制；人像光效，支持六种效果（自然光、摄影室灯光、轮廓光、舞台光、单色舞台光和高调单色光）。 （4）夜间模式、夜间模式人像（通过激光雷达扫描仪实现）。 （5）全景模式（最高可达6300万像素）。 （6）微距摄影。 （7）Apple ProRAW。 （8）拍摄广色域的照片和实况照片。 （9）镜头畸变校正（超广角）。 （10）先进的红眼校正功能、自动图像防抖功能。 （11）连拍快照模式、照片地理标记功能。 （12）图像拍摄格式：HEIF、JPEG和DNG。

视频拍摄功能	（1）4K 视频拍摄，24fps、25fps、30fps 或 60fps；1080P 高清视频拍摄，25fps、30fps 或 60fps；720P 高清视频拍摄，30fps。 （2）电影效果模式，最高可达 4K HDR、30fps。 （3）运动模式，最高可达 2.8K、60fps。 （4）杜比视界 HDR 视频拍摄，最高可达 4K、60fps。 （5）ProRes 视频拍摄，最高可达 4K、60fps，带有 log 模式拍摄。 （6）微距视频拍摄，包括慢动作和延时摄影。 （7）慢动作视频，1080P（120fps 或 240fps）。 （8）延时摄影视频，支持防抖功能。 （9）夜间模式延时摄影。 （10）视频快录功能。 （11）第二代传感器位移式视频光学图像防抖功能（主摄）；视频光学图像防抖功能（3 倍长焦）。 （12）3D 传感器位移式视频光学图像防抖和自动对焦（5 倍长焦）。 （13）最高可达 15 倍数码变焦。 （14）音频变焦。 （15）原彩闪光灯。 （16）影院级视频防抖功能（4K、1080P 和 720P）。 （17）连续自动对焦视频。 （18）4K 视频录制过程中拍摄 800 万像素静态照片。 （19）变焦播放。 （20）视频录制格式：HEVC、H.264 和 ProRes。 （21）立体声录音。

2. 以华为（HUAWEI） Mate 60 Pro+ 为例

HUAWEI Mate 60 Pro+ 2023年8月发布	尺寸、重量与电池容量	163.65毫米×79毫米×8.1毫米，约225克，5000毫安时
	显示屏	6.28英寸OLED全面屏，支持1Hz—120Hz LTPO自适应刷新率，1440Hz高频PWM调光，300Hz触控采样率，FHD+ 2720×1260像素分辨率，10.7亿色，DCI-P3广色域。
	防溅、抗水、防尘性能和最大存储空间	在GB/T 4208-2017（国内）/IEC60529（海外）标准下达到IP68级别（抗水条件试验为：无流动清水，水深6米；试验时间30分钟；水温与产品温差不大于5℃。最大存储空间为1TB。

摄像头技术参数	（1）4800万像素超聚光摄像头（f/1.4—f/4.0光圈，OIS光学防抖）+4000万像素超广角摄像头（f/2.2光圈）+4800万像素超微距长焦摄像头（f/3.0光圈，OIS光学防抖）+（前置）1300万像素超广角摄像头（f/2.4光圈），支持自动对焦。 （2）后置摄像头：支持3.5倍光学变焦（3.5倍变焦为近似值，镜头焦段分别为24毫米、13毫米、90毫米）、100倍数码变焦。最大支持4K（3840×2160）视频录制，支持AIS防抖； 前置摄像头：最大支持4K（3840×2160）视频录制，支持AIS防抖。 （3）照片分辨率：后置摄像头最大可支持8000×6000像素；前置摄像头最大可支持4160×3120像素。 （4）摄像分辨率：后置摄像头最大可支持3840×2160像素；前置摄像头最大可支持3840×2160像素。 （5）后置摄像头拍摄功能：百宝箱、智能可变光圈、物理光圈10挡可调、超级夜景、超级微距、微距视频、视频HDR Vivid、微距画中画、长焦画中画、微电影、音频变焦、高像素模式、延时摄影、超大广角、大光圈虚化、双景录像、超级夜景、人像模式、专业模式、慢动作、全景模式、流光快门、智能滤镜、多机位、水印、文档矫正、AI摄影大师、动态照片、快拍、4D预测追焦、笑脸抓拍、声控拍照、定时拍照、连拍。 （6）前置摄像头拍摄功能：视频HDR Vivid、慢动作、智能广角切换、夜景模式、人像模式、全景模式、延时摄影、动态照片、智能滤镜、水印、笑脸抓拍、自拍镜像、声控拍照、定时拍摄。

3. 以 GoPro HERO12 Black 为例

GoPro HERO12 Black 2023 年 9 月发布	尺寸、重量与电池容量	71.8 毫米 ×50.8 毫米 ×33.6 毫米，约 154 克，1720 毫安时
	显示屏	前屏：1.4 英寸彩色液晶 后屏：2.27 英寸液晶触屏
	防溅、抗水、防尘性能	最深 10 米裸机防水，有保护壳情况下 60 米防水。
特殊功能参数		10-bit HEVC 时间码同步功能 稳定功能：HyperSmooth 超强防抖 6.0 水平锁定 / 地平线修正 8 倍慢动作 循环录像 视频预录 间隔拍摄 限时拍摄 视频直播 网络摄像头模式 MAX 镜头选配组件 水平锁定 以 8:7 纵横比捕捉 156° 视野画面

传感器参数，照片、视频录制参数	影像传感器：1/1.9 英寸 CMOS 视频分辨率和帧率： 5.3K（8:7）@30/25/24fps 5.3K（16:9）@60/50/30/25/24fps 4K（8:7）@60/50/30/25/24fps 4K（9:16）@60/50/30/25fps 4K（16:9）@120/100/60/50/30/25/24fps 2.7K（4:3）@120/100/60/50fps 2.7K（16:9）@240/200fps 1080P（9:16）@60/50/30/25fps 1080P（16:9）@240/200/120/100/60/50/30/25/24fps 最大照片分辨率： 27.13MP（5568×4872） 从视频中抓取照片画面： 24.69MP（5.3K 8:7 视频）
其他扩展模块	支持外置麦克风、超广角镜头、补光灯等多种配件。

4. 以大疆（DJI）OSMO Action 4 为例

大疆 OSMO Action 4 2023 年 8 月发布	尺寸、重量与电池容量	70.5 毫米 × 44.2 毫米 × 32.8 毫米，约 145 克，1770 毫安时
	显示屏	前屏： 1.4 英寸，323 ppi，320 × 320 后屏： 2.25 英寸，326 ppi，360 × 640 前后屏亮度： 750 ± 50 cd/m²
	防溅、抗水、防尘性能	最深 18 米裸机防水，加防水壳 60 米防水。
传感器、视频录制等参数		影像传感器：1/1.3 英寸 CMOS 镜头： 视场角：155° 光圈：f/2.8 焦点范围：0.4 米至无穷远 ISO 范围： 拍照：100—12800 录像：100—12800 电子快门速度： 拍照：1/8000 秒—30 秒 录像：1/8000 秒至帧率限制快门 照片最大分辨率：3648 × 2736 变焦：数码变焦

传感器、视频录制等参数	拍照：4 倍 录像：2 倍 慢动作 / 延时摄影：不支持 照片拍摄模式：单张照片 1000 万像素 倒计时拍照：关闭 /0.5/1/2/3/5/10 秒 普通录影： 4K（4:3）：3840×2880@24/25/30/48/50/60fps 4K（16:9）：3840×2160@100/120fps 4K（16:9）：3840×2160@24/25/30/48/50/60fps 2.7K（4:3）：2688×2016@24/25/30/48/50/60fps 2.7K（16:9）：2688×1512@100/120fps 2.7K（16:9）：2688×1512@24/25/30/48/50/60fps 1080P（16:9）：1920×1080@100/120/200/240fps 1080P（16:9）：1920×1080@24/25/30/48/50/60fps 慢动作录影： 4K：4 倍（120fps） 2.7K：4 倍（120fps） 1080p：8 倍（240fps），4 倍（120fps） 运动延时： 4K/2.7K/1080P：自动 /×2/×5/×10/×15/×30 静止延时：4K/2.7K/1080P@30fps 拍摄间隔：0.5/1/2/3/4/5/6/7/8/10/13/15/20/25/30/40 秒 拍摄时长：5/10/20/30 分钟，1/2/3/5 小时，∞ 增稳：电子增稳 RockSteady 3.0 超强增稳 RockSteady 3.0 超强增稳 + HorizonBalancing 地平校正 HorizonSteady 地平线增稳

二、手持摄影设备

1. 以大疆（DJI）Osmo Mobile 6 为例

大疆（DJI）Osmo Mobile 6 2022 年 9 月发布	尺寸、重量与电池容量	展开：276 毫米 ×111.5 毫米 ×99 毫米 折叠：189 毫米 ×84.5 毫米 ×4 毫米 云台：约 304 克 磁吸手机夹：约 23 克 1000 毫安时
	适用手机	重量：170—290 克 厚度：6.9—10 毫米 宽度：67—84 毫米
	工作性能	充电环境温度：5℃—40℃ 使用环境温度：0℃—40℃ 工作时间：6.5 小时（调平衡工况下的测试参考值） 充电时间：1.5 小时（使用 10 瓦充电器测得）

云台参数	结构转动范围： 平移：-161.4°—173.79° 横滚：-120.3°—211.97° 俯仰：-101.64°—78.55° 最大控制转速：120°/秒
功能一览	（1）磁吸快拆设计。 （2）三轴增稳定设计。 （3）智能跟随拍摄主体。 （4）内置延长杆。 （5）拍摄指导模式，可以智能识别场景。 （6）大疆先进的云台增稳技术。 （7）全景拍摄模式。 （8）分身全景模式。 （9）运动、轨迹、静态延时。 （10）旋转模式。 （11）慢动作模式。 （12）Story 模式，内置模板。 （13）动态变焦。 （14）一键切换横拍竖拍。

2. 以大疆（DJI）Osmo Pocket 3 为例

大疆（DJI）Osmo Pocket3 2023年10月上市	尺寸、重量与电池容量	139.7毫米×42.2毫米×33.5毫米，179克，1300毫安时
	工作性能	充电环境温度：5℃—45℃ 工作环境温度：0℃—40℃ 工作时间：166分钟【在实验环境下连续录制1080P/24fps（16:9）视频时测得】 充电时间：16分钟充满80%，32分钟充满100%（用实验室环境下DJI65瓦PD快充充电器时测得）
	云台参数	可控转动范围： 平移：-235°—58° 俯仰：-120°—70° 横滚：-45°—45° 结构转动范围： 平移：-240°—63° 俯仰：-180°—98° 横滚：-220°—63° 最大控制转速：180°/秒 抖动抑制量：±0.005°

相机参数	影像传感器大小：1 英寸 CMOS 镜头：20 毫米等效焦距，f/2.0 光圈，0.2 米至无穷远焦点范围 ISO 范围： 拍照：50—6400 录像：50—6400 低光视频：50—16000 慢动作：50—6400 照片最大分辨率：16:9，3840×2160；1:1，3072×3072 照片拍摄模式： 单张照片：约 940 万像素 倒计时拍照：关闭/3/5/7 秒 全景模式：180°，3×3 普通录影： 4K（16:9）：3840×2160@24/25/30/48/50/60fps 2.7K（16:9）：2688×1512@24/25/30/48/50/60fps 1080P（16:9）：1920×1080@24/25/30/48/50/60fps 3K（1:1）：3072×3072@24/25/30/48/50/60fps 2160P（1:1）：2160×2160@24/25/30/48/50/60fps 1080P（1:1）：1080×1080@24/25/30/48/50/60fps 3K（9:16）：1728×3072@24/25/30/48/50/60fps 2.7K（9:16）：1512×2688@24/25/30/48/50/60fps 1080P（9:16）：1080×1920@24/25/30/48/50/60fps 慢动作录影： 4K（16:9）：3840×2160@120fps 2.7K：2688×1512@120fps 1080P：1920×1080@120/240fps

相机参数	运动延时： 4K/2.7K/1080P@25/30fps：自动 /×2/×5/×10/×15/×30 静止延时： 4K/2.7K/1080P@25/30fps 拍摄间隔：0.5/1/2/3/4/5/6/8/10/15/20/25/30/40/60 秒 拍摄时长：5/10/20/30 分钟，1/2/3/5/ 小时，∞ 轨迹延时： 4K/2.7K/1080P@25/30fps 拍摄间隔：0.5/1/2/3/4/5/6/8/10/15/20/25/30/40/60 秒 拍摄时长：5/10/20/30 分钟，1/2/3/5 小时 轨迹可设置 4 个点 低光视频： 4K（16:9）：3840×2160@24/25/30fps 1080P：1920×1080@24/25/30fps
功能一览	（1）小巧便携，具有丰富的配件，例如防水壳、迷你摇杆、无线麦克、全能手柄、增广镜、ND 镜、移动充电盒、手机夹、微型三脚架等。 （2）三轴机械增稳。 （3）智能跟随拍摄主体 3.0 版本。 （4）自动美颜功能。 （5）配套 DJI Mimo APP story 模版拍摄模式和自动剪辑模式。 （6）立体声录制功能，具有声场跟随、音频变焦、拾音指向性切换功能。

三、用于短视频拍摄的便携微单或电影机介绍

1. 以索尼 Alpha 7S Ⅲ 全画幅微单数码相机为例（索尼 E 卡口）

索尼 Alpha 7S Ⅲ 全画幅微单数码相机 2020 年 7 月发布	尺寸与重量	128.9 毫米 ×96.9 毫米 ×80.8 毫米 约 614 克
	传感器参数	类型：Exmor R™CMOS 尺寸：全画幅 有效像素：1200 万
	液晶屏和取景器参数	液晶屏尺寸：3.0 英寸 液晶屏总像素：约 144 万点 取景器像素数：约 944 万点
	曝光系统	（1）静态影像：ISO 80—102400（可扩展至 ISO 40—409600，可在此范围内选择 ISO 最大值和最小值），自动（ISO 80—12800，可在此范围内选择 ISO 最大值和最小值）。 （2）动态影像：ISO 80—102400，自动（ISO 80—409600，可在此范围内选择 ISO 最大值和最小值）。

视频功能参数	（1）支持自动追踪对焦的 4K 120P 高帧率视频。 （2）支持 4:2:2 10bit。 （3）具有高感光度和 15+ 级动态范围表现力。 （4）专业电影机色彩配置 S-Gamut、S-Gamut3 和 S-Gamut3.Cine。 （5）支持通过 HDMI Type-A 连接线将最高 4K 60P 16bit RAW 视频输出到外录设备。 （6）当拍摄高比特率 4K 视频时，可以开启 Proxy 录制，同时记录高清 Proxy 视频（以 8-bit 或 10-bit）到存储卡。 （7）拍摄视频时，只需轻触屏幕中的拍摄对象，即可实现持续、可靠的跟踪对焦。 （8）内置 5 轴防抖，可左右摇摆、俯仰摇摆、滚动。 （9）双卡槽支持 CFexpress Type A 存储卡。 （10）侧翻式可变角度液晶屏。

索尼微单系列，均可用于短视频拍摄。

2. 以大疆（DJI） Ronin 4D 电影机为例

大疆（DJI）Ronin 4D 电影机 2021 年 11 月发布	尺寸	单机身：235 毫米 ×115 毫米 ×160 毫米 整机：309 毫米 ×290 米 ×277 毫米
	重量	云台：约 1.04 千克 机身：约 1.45 千克 整备：约 4.67 千克（套装内各模块组装后的重量，不含镜头和存储卡）
	电池和最大续航时间	TB50 智能电池，4280 毫安时，使用约 150 分钟
相机技术参数		（1）传感器尺寸：35 毫米全画幅 CMOS。 （2）原生卡口：DX 卡口，支持安装其他卡口组件。支持卡口组件包括 DL 卡口组件（标配）、L 卡口组件、M 卡口组件、E 卡口组件。 （3）动态范围：14+ 挡。 （4）白平衡：手动 2000K—11000K 和色调调节，支持自动。 （5）伽马：D-Log，Rec.709，HLG。 （6）EI 范围： X9-8K：EI 200—EI 12800，双增益原生 ISO 800/4000； X9-6K：EI 200—EI 12800，双增益原生 ISO 800/5000。 （7）快门速度：电子卷帘快门 1/24 秒—1/8000 秒。

相机技术参数	（8）ND：内置 9 挡 ND，包括 Clear，2（0.3），4（0.6），8（0.9），16（1.2），32（1.5），64（1.8），128（2.1），256（2.4），512（2.7）。 （9）跟焦控制：自动跟焦、手动跟焦、手自一体跟焦。 （10）X9-6K 最大码率：6008×3168，48fps，RAW 3.4Gbps； X9-8K 最大码率：8192×4320，60fps，RAW 3.95Gbps；支持的文件系统：exFAT。 （11）录像格式：Apple ProRes RAW HQ/Apple ProRes RAW/Apple ProRes 4444 XQ/Apple ProRes 422 HQ/Apple ProRes 422/Apple ProRes 422 LT/H.264（4:2:0 10-bit）。 （12）存储介质：DJI PROSSD 1TB（所有格式均可录制），CFexpress 2.0 Type-B 存储卡，USB-C 固态硬盘。 （13）内置麦克风：双声道立体声。 （14）音频规格：线性 PCM 2 通道，24-bit/48kHz。
云台参数	（1）平移 ±330°，俯仰 -75°—175°，横滚 -90°—230°；第四轴行程约 130 毫米。 （2）可控角度范围：平移 ±285°，俯仰 -55°—155°，横滚 ±35°。 （3）最大可控速度（°/秒） DJI 大师摇轮或体感控制器：俯仰 360°/秒，横滚 360°/秒，平移 360°/秒。 Ronin 4D 控制手柄：俯仰 120°/秒，横滚 120°/秒，平移 120°/秒。 （4）第四轴最大负重：2000 克（包含重量为 1040 克的云台）。 （5）控制精度：±0.01°。

LiDAR测距器参数	（1）重量：88克。 （2）尺寸：71毫米×47毫米×34毫米。 （3）工作温度：-10°C—40°C。 （4）LiDAR测距精度：0.3米—1米（±1%）；1米—10米（±1.5%）。 （5）感知范围：30厘米—3米@>18%反射率：60°（水平）×45°（竖直）；30厘米—10米@>18%反射率：60°（水平）×7°（竖直）。 （6）安全等级：人眼安全Class 1（IEC 60825-1:2014）。 （7）使用环境：漫反射，大尺寸，高反射率（反射率>10%）物体；不透过或对着玻璃；非浓雾天气。 （8）激光波长：940纳米。 （9）单脉冲宽度：5纳秒及33.4纳秒，两种脉冲循环发射。 （10）最大激光功率：6瓦
机身监视器参数	（1）屏幕大小：5.5英寸（对角线）。 （2）屏幕分辨率：1920×1080。 （3）屏幕刷新率：60Hz。 （4）最高屏幕亮度：1000cd/m²。 （5）屏幕类型：可翻转LCD触摸屏。

O3 Pro 图传参数	（1）最大图传距离：约 20000 英尺（约 6 公里，FCC）。 （2）最大传输分辨率帧率：1920×1080 @ 60fps。 （3）最小端到端图传延时：100 毫秒或 68 毫秒。 （4）无线频率（非 DFS 频段）：2.400-2.4835GHz；5.150-5.250GHz；5.725-5.850GHz。 （5）无线频率（DFS 频段）：5.250-5.350GHz；5.470-5.600GHz；5.650-5.725GHz。 （6）等效全向辐射功率（EIRP） 2.400-2.4835GHz：<33 dBm（FCC），<20 dBm（SRRC/CE/MIC）；5.150-5.250GHz：<23 dBm（FCC/SRRC/MIC）；5.250-5.350GHz：<30 dBm（FCC），<23 dBm（SRRC/MIC）；5.470-5.600GHz，5.650-5.725GHz：<30 dBm（FCC），<23 dBm（CE/MIC）；5.725-5.850GHz：<33 dBm（FCC/SRRC），<14 dBm（CE）。 （7）最大通信带宽：40MHz。 （8）最大编码码率：50Mbps。
基础接口参数	（1）机身：3.5 毫米 TRS 立体声音频输入插孔 ×1（支持插入式电源麦克风、麦克风和线缆输入）；3.5 毫米立体声音频输出插孔 ×1；USB 3.1 Type-C 数据接口 ×1；6-pin 1B DC-IN（DC 12 V 至 30 V）×1；电池仓供电接口（母头）×1；机身拓展板数据接口（母头）×1；机身高亮监视器专用接口 ×1；控制手柄接口 ×2；控制提手接口 ×1；HDMI Type-A 视频输出接口 ×1。 （2）X9 云台：LiDAR 测距器 / 跟焦电机接口 ×2。 （3）TB50 电池仓：电池仓供电接口（公头）×1；TB50 电池接口 ×1。

图传发射器参数	（1）尺寸：89毫米×21毫米×137毫米。 （2）图传发射器接口：机身拓展板数据接口（公头）×1；SMA天线连接器×4；USB 3.1 Type-C 升级接口×1；电池仓供电接口（母头）×1；电池仓供电接口（公头）×1。
图传监视器参数	（1）尺寸：216毫米×58毫米×166毫米（包含兔笼）。 （2）屏幕大小：7英寸（对角线）。 （3）最高屏幕亮度：1500cd/m²。 （4）屏幕分辨率：1920×1200。 （5）屏幕刷新率：60Hz。 （6）最大续航时间：约2小时。 （7）工作温度：0°C—40°C。 （8）存储温度：-20°C—60°C。 （9）供电系统：DJI WB37电池/NP-F系列电池（需安装NP-F电池转接板）。 （10）监视器机身接口：3.5毫米立体音频插孔×1；microSD卡槽×1；HDMI Type-A视频信号输入接口×1；图传监视器拓展板高速接口（母头）×1；图传监视器配件拓展接口×1；USB 3.1 Type-C 数据接口×1。 （11）图传监视器拓展板接口：图传监视器拓展板高速接口（公头）×1；HDMI 1.4 Type-A 视频信号输出接口×1；6-pin 1B DC-IN（DC 6.8 V至17.6 V）×1；3G-SDI（Level A）BNC视频输出接口×1。

四、用于短视频拍摄的微单稳定器介绍

以大疆（DJI） RS 3 Pro 为例

大疆（DJI）如影 RS 3 Pro 2022 年 6 月上市	尺寸与重量	云台收纳：268 毫米×276 毫米×68 毫米（不含相机、手柄、手柄延长脚架） 工作状态：415 毫米 × 218 毫米×195 毫米（高度包含手柄，不含手柄延长脚架） 云台：约 1143 克 手柄：约 265 克 手柄延长脚架（金属版）：约 226 克 上下层快装板：约 107 克
	配件接口	RSA 配件扩展接口/NATO 接口 1/4"-20 安装孔 冷靴接口 图传/LiDAR 测距器接口（USB-C） RSS 相机快门控制接口（USB-C） 跟焦电机接口（USB-C）
	工作性能	工作环境温度：-20℃—45℃ 建议充电环境温度：5℃—40℃ 最长待机时间：12 小时 充电时间：用 24 瓦快充约 1.5 小时充满，充电 15 分钟即可使用 2 小时 电池容量：1950 毫安时

云台参数	负载重量：4.5 千克 最大可控转速： 平移方向：360°/秒 俯仰方向：360°/秒 横滚方向：360°/秒 平移轴无限位： 横滚轴：-95°—240° 俯仰轴：-112°—214°
功能一览	（1）自动轴锁：在关机状态下长按电源键，云台三轴将自动解锁并同步展开，仅需2秒即可进入工作状态；单击电源键，则自动上锁并进入休眠状态，大幅提升转场及收纳速度。 （2）云台承载空间更大：采用加长版碳纤维轴臂，为专业摄影机提供更充足的调平空间，得以承载索尼FX6、佳能C70搭配24-70毫米f2.8镜头等专业组合，拓展更多创作可能。 （3）无线蓝牙快门：借助无线蓝牙直连技术，RS 3 Pro实现快捷可靠的无线快门控制，且云台机身蓝牙具备记忆功能，同一相机仅需一次配对即可实现无感自动连接。 （4）云台模式切换开关：拨动云台模式切换开关，可一键切换平移跟随、双轴跟随与全域跟随三种模式，其中全域跟随还可设置为360°旋转、竖拍或自定义模式，帮助摄影师以最快的速度完成调整，随时敏锐出手。 （5）1.8英寸OLED屏幕：1.8英寸触控彩屏较RS 2增大28%，可调整云台参数、监看拍摄画面、框选跟随目标，配合全新UI设计与界面逻辑，操控反馈更加贴合直觉反应。同时，亮度更高的OLED屏较RS 2的LCD屏幕具备更好的室外监看体验，且功耗更低。

功能一览	（6）超级增稳模式：开启超级增稳模式后，RS 3 Pro 将进一步增强电机扭矩以提高增稳力度，即使在剧烈运动场景或等效 100 毫米焦段下拍摄，也能始终保持画面稳定。 （7）LiDAR 激光测距支持自动对焦：为了降低手持拍摄时的跟焦难度，Ronin 4D 广受赞誉的 LiDAR 激光跟焦技术也被应用于 RS 3 Pro。全新的 LiDAR 焦点测距器（RS）能投射出 43200 个测距点，最远可实现 14 米探测距离。同时新增等效焦距 30 毫米的内置摄像头，视场角广达 70°，足以满足绝大多数场景的跟焦需求。LiDAR 测距器搭配全新跟焦电机使用时，完成标定的手动镜头可实现自动跟焦功能。单击云台机身 M 按键，还可快速切换手动跟焦与自动跟焦模式，满足摄影师对于两种跟焦模式的需求。 （8）智能跟随 Pro：新一代智能跟随 Pro 可直接通过 LiDAR 测距器的内置摄像头读取图像信息，不需要再借助 Ronin 图传（原鹰眼图传）。同时，LiDAR 测距器内置 Ronin 4D 同款自研芯片，相比 Ronin 图传的智能跟随 3.0，算力提升 60 倍。 （9）支持大疆图传、大疆监视器、无线跟焦电机。

五、用于短视频拍摄的航拍器介绍

以大疆（DJI）Mavic 3 为例

大疆（DJI）Mavic 3 专业版 2021 年 11 月上市	尺寸与重量	Mavic 3：895 克 Mavic 3 Cine：899 克 折叠（不带桨）：221 毫米 × 96.3 毫米 × 90.3 毫米 展开（不带桨）：347.5 毫米 × 283 毫米 × 107.7 毫米
	飞行器电池性能	容量：5000 毫安时 重量：335.5 克 充电环境温度：5℃—40℃
	机载内存和储存卡支持	机载内存： Mavic 3：8GB（可用空间约 7.2GB） Mavic 3 Cine：1TB（可用空间约 934.8GB）
	飞行器参数	（1）最大上升速度：1 米 / 秒（平稳挡），6 米 / 秒（普通挡），8 米 / 秒（运动挡）。 （2）最大下降速度：1 米 / 秒（平稳挡），6 米 / 秒（普通挡），6 米 / 秒（运动挡）。 （3）最大水平飞行速度（海平面附近无风）：5 米 / 秒（平稳挡），15 米 / 秒（普通挡），21 米 / 秒（运动挡），其中欧盟地区运动挡飞行最高速度不高于 19 米 / 秒。 （4）最大起飞海拔高度：6000 米。 （5）最长飞行时间（无风环境）：46 分钟。 （6）最长悬停时间（无风环境）：40 分钟。

飞行器参数	（7）最大续航里程：30千米。 （8）最大抗风速度：12米/秒。 （9）最大可倾斜角度：25°（平稳挡），30°（普通挡），35°（运动挡）。 （10）最大旋转角速度：200°/秒。 （11）工作环境温度：-10°C—40°C。
云台参数	（1）三轴机械云台（俯仰、横滚、平移） （2）结构设计范围： 俯仰：-135°—100°； 横滚：-45°—45°； 平移：-27°—27°。 （3）可控转动范围： 俯仰：-90°—35°； 平移：-5°—5°。 （4）最大控制转速（俯仰）：100°/秒 （5）角度抖动量：±0.007°
哈苏相机参数	（1）影像传感器：4/3 CMOS，有效像素2000万。 （2）镜头：84°视角；24毫米等效焦距；f/2.8—f/11光圈；1米至无穷远（带自动对焦）对焦点。 （3）ISO范围： 视频：100—6400； 照片：100—6400。 （4）快门速度：8秒—1/8000秒电子快门。 （5）最大照片尺寸：5280×3956。 （6）照片拍摄模式及参数： 单拍：2000万像素；多张连拍：2000万像素，3/5/7张；自动包围曝光（AEB）：2000万像素，3/5张@0.7EV；定时拍照：2000万像素，2/3/5/7/10/15/20/30/60秒。

哈苏相机参数	（7）录像编码及分辨率： Apple ProRes 422 HQ： 5.1K：5120×2700@24/25/30/48/50fps DCI 4K：4096×2160@24/25/30/48/50/60/120fps 4K：3840×2160@24/25/30/48/50/60/120fps H.264/H.265： 5.1K：5120×2700@24/25/30/48/50fps DCI 4K：4096×2160@24/25/30/48/50/60/120fps 4K：3840×2160@24/25/30/48/50/60/120fps FHD：1920×1080@24/25/30/48/50/60/120/200fps 视频最大码率（H.264/H.265码率）：200Mbps （8）支持文件系统：exFAT。 （9）图片格式：JPEG/DNG（RAW）。 （10）视频格式：Mavic 3：MP4/MOV（MPEG-4 AVC/H.264，HEVC/H.265）；Mavic 3 Cine：MP4/MOV（MPEG-4 AVC/H.264，HEVC/H.265）；MOV（Apple ProRes 422 HQ）。 （11）数字变焦： 录像模式：1—3倍； 探索模式：1—4倍。
长焦相机参数	（1）影像传感器：1/2英寸CMOS，有效像素1200万。 （2）镜头：15°视角；162毫米等效焦距；f/4.4光圈；3米至无穷远对焦点。 （3）ISO范围：视频：100—6400；照片：100—6400。 （4）快门速度：2秒—1/8000秒电子快门。 （5）最大照片尺寸：4000×3000。 （6）照片拍摄模式及参数： 单拍：1200万像素；多张连拍：1200万像素，3/5/7张； 自动包围曝光（AEB）：1200万像素，3/5张@0.7EV步长； 定时拍摄：1200万像素，2/3/5/7/10/15/20/30/60秒。

长焦相机参数	（7）录像编码及分辨率：H264/H.265： 4K：3840×2160@30fps； FHD：1920×1080@30fps； 视频最大码率(H.264/H.265)：160Mbps。 （8）支持文件系统：exFAT。 （9）图片格式：JPEG。 （10）视频格式：MP4/MOV（MPEG-4 AVC/H.264，HEVC/H.265）。 （11）数字变焦：7—28倍。
感知系统参数	（1）感知系统类型：全向双目视觉系统，辅以机身底部红外传感器。 （2）前视：测距范围: 0.5米—20米；可探测范围：0.5米—200米；有效避障速度：飞行速度≤15米/秒；视角（FOV）：水平90°，垂直103°。 （3）后视：测距范围: 0.5米—16米；有效避障速度：飞行速度≤12米/秒；视角（FOV）：水平90°，垂直103°。 （3）侧视：测距范围: 0.5米—25米；有效避障速度：飞行速度≤15米/秒；视角（FOV）：水平90°，垂直85°。 （4）上视：测距范围: 0.2米—10米；有效避障速度：飞行速度≤6米/秒；视角（FOV）：前后100°，左右90°。 （5）下视：测距范围: 0.3米—18米；有效避障速度：飞行速度≤6米/秒；视角（FOV）：前后130°，左右160°。 （6）有效使用环境：前、后、左、右、上方：表面有丰富纹理，光照条件充足（>15 lux，室内日光灯正常照射环境）；下方：地面有丰富纹理，光照条件充足（>15 lux，室内日光灯正常照射环境），表面为漫反射材质且反射率>20%（如墙面、树木、人等）。

遥控器参数	（1）遥控器类型：DJI RC-N1。 （2）续航：未给移动设备充电情况下6小时，给移动设备充电情况下4小时。 （3）支持接口类型：Lightning，Micro USB，USB-C。 （4）支持的最大移动设备尺寸：180毫米×86毫米×10毫米。 （5）工作环境温度：0°C—40°C。 （6）发射功率（EIRP）：2.400 GHz—2.4835 GHz：<26 dBm（FCC），<20 dBm（CE/SRRC/MIC）；5.725 GHz—5.850 GHz：<26 dBm（FCC/SRRC），<23 dBm（SRRC），<14 dBm（CE）。
图传参数	（1）图传系统：OcuSync 2.0。 （2）图传方案：O3+。 （3）实时图传质量：遥控器：1080P/30fps,1080P/60fps。 （4）工作频段：2.400GHz—2.4835GHz，5.725GHz—5.850GHz。 （5）发射功率（EIRP）:2.400GHz—2.4835GHz：<33 dBm（FCC），<20 dBm（CE/SRRC/MIC）；5.725GHz—5.850GHz：<33 dBm（FCC），<30 dBm（SRRC），<14 dBm（CE）。 （6）最大信号有效距离（无干扰）： FCC：15千米； CE：8千米； SRRC：8千米； MIC：8千米。 （以上数据为在室外空旷无干扰环境下测得，是各标准下单程不返航飞行的最远通信距离，实际飞行时请留意 DJI Fly App 上的返航提示）

图传参数	（7）最大信号有效距离（有干扰）： 强干扰：都市中心，约 1.5 千米—3 千米； 中干扰：近郊县城，约 3 千米—9 千米； 微干扰：远郊/海边，约 9 千米—15 千米。 （以上数据为 FCC 标准下，各种典型干扰强度的场景下无遮挡的环境里测得，不承诺实际飞行距离，仅供用户自行飞行时用作距离参考。） （8）最大下载速率 O3+： 5.5MB/s（搭配 RC-N1 遥控器）； 15MB/s（搭配 DJI RC Pro 带屏遥控器）； Wi-Fi 6：80MB/秒。 （9）延时（视乎实际拍摄环境及移动设备）： 130 毫秒（搭配 RC-N1 遥控器）； 120 毫秒（搭配 DJI RC Pro 带屏遥控器）。 天线：4 天线，2 发 4 收。

六、录音设备

1. 以森海塞尔 (Sennheiser)MKE440 为例

	尺寸与重量	67 毫米 ×106 毫米 ×128 毫米 约 165 克
森海塞尔 MKE440 2016 年发布	频率响应及最大声压级	50Hz—20kHz 132 dB SPL
	电源和工作时间	2×AAA 100 小时

特性:

(1) 两支微型短枪话筒,聚焦画面中的声音。这一配置能够实现与标准 35 毫米摄像机镜头所拍摄图像等宽角度的立体声声像宽度。声像宽度扩展均匀,能够为聚焦画面提供极高的语音清晰度。

(2) 有效抑制环境噪声和背景噪声。

(3) 话筒网罩具有内部弹性减震和防风效果。

(4) 灵敏度可调和低切处理,能够应对从极其微弱的声音到震耳欲聋的摇滚乐之间的动态范围。低切滤波器能够降低结构支架噪声和低频风噪。

(5) 标准摄像机热靴固定安装,在热靴底座下方还加设了一个 1/4 螺孔,增加使用的可能性。在外接监视器或 LED 占用了热靴的情况下,还可通过魔术臂加装在设备上,组成一套完整的单兵作战系统。

2. 以罗德（RODE）VideoMic GO 为例

罗德 VideoMic GO 2013 年发布	尺寸与重量	167×79×70 毫米 约 73 克
	频率范围及 最高 SPL	100Hz—16kHz 120dB（@1kHz，1% THD 进入 1kΩ 负载）
	电源	无需电池供电

特性：

（1）定向话筒。

（2）不需要电池。

（3）集成 Rycote™ Lyre™ 防震架。

（4）堪称最轻的话筒，重量只有 73 克。

（5）坚固的 ABS 金属结构。

（6）附带防风罩。

（7）3.5 毫米迷你插孔输出。

（8）集成冷热靴安装孔（3/8 螺纹）。

3. 以索尼（SONY）UWP-D21 为例

索尼（SONY）UWP-D21 2019年4月发布	设备简介	索尼 UWP-D 系列具有出色的音质、数字处理能力、可靠的射频传输能力、真正双调谐器分集接收及各种易用功能，是 ENG（电子新闻采访）、EFP（电子现场制作）、纪录片以及婚礼现场拍摄收音的理想之选。 UWP-D21 腰包式无线麦克风套件包括 UTX-B40 腰包式发射器、URX-P40 接收器、ECM-V1BMP 全指向领夹式麦克风及配件。 频率范围：23Hz—18KHz 信噪比：60dB 产品重量：131 克 产品接口：Type-C

特性：

（1）采用索尼数字音频处理技术的高品质音效。

（2）NFC 同步功能可用于快速方便的安全通道设置（从 URX-P03、URX-P03D 及 URX-S03D 接收器与 UTX-B40 发射器的红外同步功能）。

（3）真正的双调谐器分集，提供稳定的信号接收能力。

（4）自动增益模式下的音量控制功能。

（5）+15 dB 增益音量增强模式，可用于非麦克风音频。

（6）发送到接收器的发射器频率，用于将多个接收器匹配到一个发射器。

（7）适用于监控的监听耳机输出，将接收器用作耳式监视器的监视器模式。

（8）可调静音功能。

（9）兼容索尼 WL-800/UWP/UWP-D 系列。

（10）接收器输出电平控制。

（11）高可见度 OLED 显示屏，适用于室内外环境。

七、灯光

以国产品牌爱图仕（Aputure）为新势力的全套产品线为例。

Nova P300c
300W专业面光源影视灯

B7c
影视级全彩灯泡

Nova P600c
全新大功率RGBWW全彩LED平板灯

Accent B7c 8灯充电套装
便携外拍灯箱

平板灯NOVA系列（左）和灯泡Accent系列（右）。

LS 1200d Pro
1440瓦保荣口LED影视灯

LS C300d II
单色温350W点光源影视灯

LS C120d II
单色温150W点光源影视灯

LS 600x Pro
可变色温点光源影视灯

LS 600d Pro
单色温点光源影视灯

LS 600d
为高端直播和商业拍摄而生！

LS 300x
可变色温350W点光源影视灯

LS 60d/x
单/双色温点光源影视灯

LS 600c Pro
全彩点光源影视灯

聚光灯光风暴系列。

MC
RGBWW 迷你LED灯

M9
日光迷你LED灯

MT Pro
超高像素分辨率全彩迷你管灯

MC 4灯套装
RGBWW 迷你LED灯

MX
可变色温迷你LED灯

MC Pro
RGBWW全彩高亮聚光Mini灯

MC 12灯套装
RGBWW 迷你LED灯

MW
日光迷你防水LED灯

便携M系列。

INFINIBAR
高像素无限可拼接RGBWW全彩管灯

可拼接的 INFINIBAR 系列。

AL-F7
可变色温面光源影视灯

amaran 100 200dx
点光源影视灯具

amaran T2c/T4c
影视级RGBWW全彩LED管灯

HR 672w
日光面光源影视灯

amaran P60c/P60x
双色温/全彩平板摄影灯

amaran Pixel Tube
艾蒙拉全彩像素管灯

HR 672s
日光面光源影视灯

amaran COB 60d/60x
单/双色温点光源影视灯

amaran S Series
amaran COB 系列产品全新升级

HR 672c
可变色温面光源影视灯

amaran F21c/x & F22c/x
全彩可折叠柔性布灯

amaran 150c/300c
艾蒙拉旗舰级全彩点光源

塑料外壳性价比高的艾蒙拉系列。

Spotlight Mount
适用于光风暴系列的聚光筒套件

Sidus Link Bridge
爱图仕经典灯具无线控制器

Fresnel 2X
适用于光风暴系列的聚光套件

2 Bay Battery power station
48V 2 路供电箱

F10 Fresnel
10英寸菲涅尔光学聚焦透镜

Nova P300c Barn Doors
适用于Nova系列的控光工具

F10 Barn Doors
10英寸点光源灯具挡光板

amaran Spotlight SE
保荣口轻量级成像聚光筒

Barn Doors
适用于光风暴系列的控光工具

Spotlight Mini Zoom
专为LS 60系列设计的影视级聚光筒

控光附件系列。

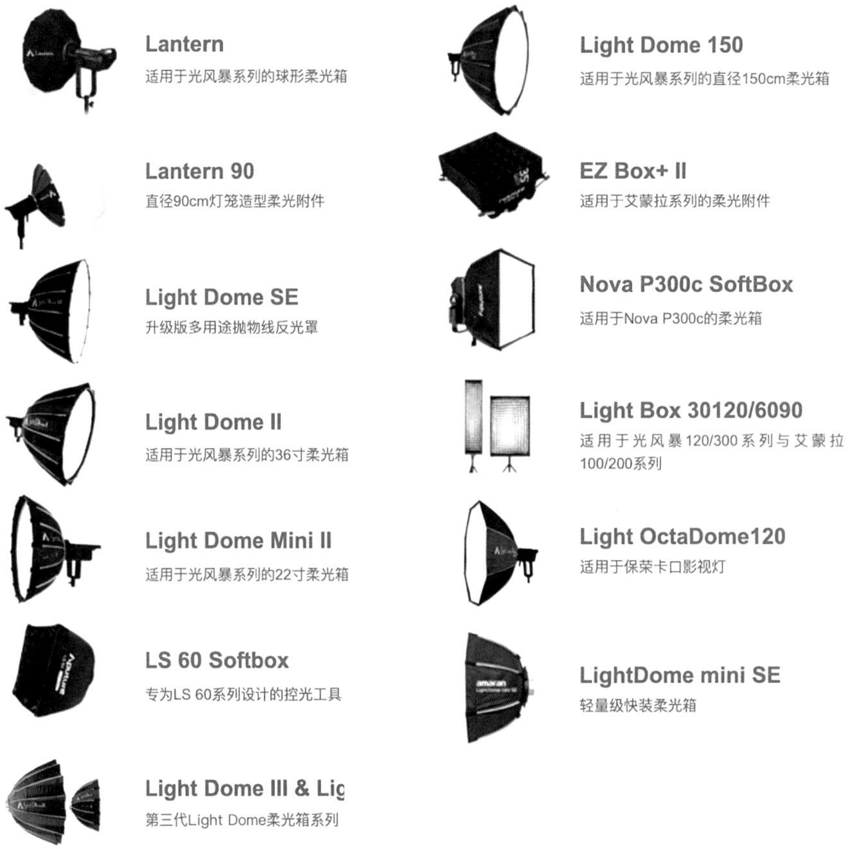

Lantern
适用于光风暴系列的球形柔光箱

Light Dome 150
适用于光风暴系列的直径150cm柔光箱

Lantern 90
直径90cm灯笼造型柔光附件

EZ Box+ II
适用于艾蒙拉系列的柔光附件

Light Dome SE
升级版多用途抛物线反光罩

Nova P300c SoftBox
适用于Nova P300c的柔光箱

Light Dome II
适用于光风暴系列的36寸柔光箱

Light Box 30120/6090
适用于光风暴120/300系列与艾蒙拉100/200系列

Light Dome Mini II
适用于光风暴系列的22寸柔光箱

Light OctaDome120
适用于保荣卡口影视灯

LS 60 Softbox
专为LS 60系列设计的控光工具

LightDome mini SE
轻量级快装柔光箱

Light Dome III & Lig
第三代Light Dome柔光箱系列

柔光附件系列。

附录1:"DOU 艺计划",以及"短视频、直播与生活美学"论坛摘编

2021年5月12日,北京电影学院未来影像高精尖创新中心会同抖音联合举办了"短视频、直播与生活美学"论坛。北京电影学院未来影像高精尖创新中心在现场发布《艺术生活影像力:短视频、直播构建大众生活美学研究报告》,报告指出,抖音作为短视频、直播平台,降低了影像内容创作的门槛,让原本高度专业化的影像内容创作成为大众日常。大众在抖音记录美好生活,并以点赞、转发、评论等形式实现互动的过程,就是在集体创造当代生活美学的过程。抖音为大众共享共创生活美学提供了新工具,构建了新空间。

"DOU 艺计划"发起于2019年8月,旨在推动艺术创作与交流,构建全民美育平台,提升全民美育素养,先后有北京师范大学艺术与传媒学院、启功书院、中央美术学院、中国戏曲学院、河南豫剧院、江苏省演艺集团、江苏省昆剧院和中国美术馆、上海美术馆等机构、场馆和众多艺术家、艺术工作者加入。

本次会议为"DOU 艺计划"的年度论坛会议,除报告发布外,两位抖音博主、艺术内容创作者吴临风(账号"大提琴吴临风")、王亮(账号"隐形人·王亮")分享了自己的抖音创作经历、初衷及未来规划,相关高校专家学者亦从艺术生活与美学方面分享了自己对抖音为代表的短视频平台的思考。本书摘编部分观点如下:

时任北京电影学院副校长胡智锋首先发言,他认为,这些年来推进的短视频和直播,至少带来了三种突出的景观:第一是艺术生活化不断推进和深入,第二是生活艺术化不断上扬提升,第三是艺术与生活的关联和融合度越来越深。"这是新时代的生活美学,也是新时代艺术美学的全新启动,而这个启动将改变我们以往的对于生活和艺术的旧的定义,我们将在新的融合中重新去定义我们的艺术,也重新定义我们的生活。"

北京师范大学戏剧与影视学专业博士、研究报告课题组成员

徐梁代表课题组发布《艺术生活影像力：短视频、直播构建大众生活美学研究报告》。在报告前言《影像的力量》中，他借用了抖音总裁张一鸣说过的三个关键词——窗户、画布和桥梁——来形容抖音在用户心目中的定位印象，以及未来发展过程中的文化的期待和想象——"犹如窗户，让我们从缤纷的生活中绘览万千的风景；仿佛画布，让我们在琳琅的递进中挥毫万千的色彩；好似桥梁，让我们在斑斓的世界中连接万千的可能。"然后他从驱动力、硬实力、创新力和引导力4个方面向大家介绍了报告内容。

时任抖音文化垂类运营负责人陈海枫介绍，抖音是2016年9月上线的，是一个帮助用户表达自我、记录美好生活的平台。截至2020年8月，抖音日活跃用户超过6亿，并继续保持高速增长。其中，借助"DOU艺计划"的宣传推广，截至2020年12月，抖音上艺术类视频累计播放量已经超过2.1万亿次，粉丝量过万的艺术类创作者超过20万名。大众通过抖音分享艺术、交流艺术的趋势已经初步形成。与此同时，在版权保护层面，抖音在2020年就推出了原创者保护计划，为优质的原创者提供版权保护及内容版权维权。这个计划借助平台技术内容及优势的维权力量，建立更快速、更高效的短视频版权内容保护机制，以鼓励创作者持续产出优质内容，维护抖音的生态内容健康。

北京电影学院视听传媒学院副院长、教授程樯结合吴临风、王亮关于抖音降低了公众欣赏严肃艺术的门槛，有利于相关艺术门类更加大众化等观点，结合新冠肺炎疫情期间影视人、音乐人越来越多地通过抖音等短视频方式做影视宣传和推广的现象指出，疫情造成对影像内容有需求的一些消费者只能转到线上进行视听内容的欣赏，从宣传来讲，影视人、发行人势必要顺应这种态势。而且事实证明，影片自身的专属短视频账号确实有助于影片的宣传推广发行。不仅如此，短视频和大家的互动成为这种宣传推广的核心内容，动辄几十万的点赞、评论、转发是线下宣传几乎做不到的，因而从宣传的成本来讲，短视频号是一个比较良性的方式。对于内容生产者而言，受众心态，尤其爆火的同类同质内容表现的是什么、呈现方式和角度，以及趋势的选择及其规律性等，都是值得深入研究的。

中国文艺评论家协会副主席、中国当代戏剧（戏曲）研究领域领军人物傅谨认为，对于戏曲文化的传播，短视频和直播催生了很多新的变化："第一个最直观的变化，就是我们欣赏戏曲的场地开始发生变化。在今天跨媒体的时代，随着手机的普及，随着影像信号的无线传播手段的普及，观众开始可以远距离地、随时随地欣赏戏曲的演出。第二个变化是，在网络上、在短视频中、在直播的节目中，我们可以发现戏曲艺术的传播内容开始发生一些变化。无论是豫剧、粤剧，还是黄梅戏，很多演员在通过短视频直播自己戏剧表演的基础上，渐渐地把镜头转向他们的日常生活，吸引了很多粉丝。这种传播内容向日常生活延伸，是短视频直播时代中国戏曲文化传播出现的新现象。第三个变化是在时长上，5分钟、8分钟，甚至短到3分钟、2分钟、1分钟的戏曲短视频越来越受欢迎，越来越受大家的喜爱。这种短节目的传播比起以前更加流行。第四个变化是，因为很多短视频中加入了各种各样新的剪辑手段、拍摄手段，丰富了我们对戏曲艺术的认知，让我们能够从多个角度、多个视角、多个方面去欣赏戏曲艺术，戏曲艺术的美也因此得到了越来越丰富的开掘。"

他同时表示，这四个变化应该说有得有失，"如果说现在场地的变化更多地便利了我们的现场戏曲文化和戏曲艺术，但当戏剧节目加上生活的延伸，我们也会担心戏剧艺术最核心的内容会渐渐被淡化、被弱化。戏曲演员的明星化，包括他的日常生活内容的大量进入，可能会让我们误解戏曲艺术的精彩，这是需要注意的现象。至于短视频戏曲节目的传播，一直以来我们这些从事戏曲节目研究的人是非常警惕的。从个人来说，我觉得完整的大戏包含丰富的故事内容，对人物性格的刻画会更加深刻，对人物关系的展示会更加完整，而如果一个戏曲变成5分钟、10分钟，它慢慢就变成了一个炫技的表演，戏曲的内容会受到影响。"

傅谨指出："对于艺术来说，经验和感动都同样重要，所以我相信短视频的传播对于大众生活美学的冲击是显而易见的，我希望我们能够更多地利用它的优势，发挥它的长处，同时也能够对它的缺失和短板有所弥补。"

北京大学艺术学院副院长、教育部"长江学者奖励计划"特聘教授李道新论坛发言的题目叫《日常的仪式性与仪式的日常性》。他结合《阿凡达》《指环王》等影片的重映思考了艺术的仪式感问题，指出："电影这样的一种仪式在当下的短视频和直播时代并没有消失，其实在慢慢转变为日常的体验。我们在短视频和直播当中所体验的这样一种所谓的碎片化的和不那么诉求强烈的媒介，以及观影条件的媒介形式，或者叫艺术创作、内容提供，其实也在逐渐地形成自己的仪式性……在面对这种看似日常的短视频，特别是直播的体验过程中，我们在重构时间和空间的体验，是在新的影像形式和声音形式当中去重新定义时间和空间，也重新定义我们消费在特定的时间和空间里的艺术感觉和生命形式……如果说经典电影通过特定的时空幻觉虚拟创造了一个木乃伊情结，创造了一种所谓的完整世界的神话，那么当下的短视频和直播也是在用另外一种方式重新创造时空，并且重新塑造人类的时空感知，重新定义我们的日常生活，重新定义仪式本身。"

中国传媒大学中国纪录片研究中心教授赵曦分享的题目是《视听书写大众时代的纪录理念转向》，涉及"视听书写""大众参与"和"纪录理念转向"三个关键词。借用知名媒介理论家保罗·莱文森的"媒介进化论"，她对传播界同行"视听语言的黄金时代到来了"的看法深表赞同。

"随着媒介的发展，从文字然后到图片、电报、电话、广播、无声影像，直至出现了彩色有声电视、有声电影，大家看到随着媒介的一步步发展，它在一点点地还原我们前技术时代的生理信息传播之间的身体感知：我们听到声音，我们看到图像，我们知道色彩，我们看到我们的信息动了起来。随着 VR 的出现，我们又从二维空间赶到了三维空间。所以保罗·莱文森认为，媒介进化的规律就是在不断地超越人的生理极限的同时，又不断地返回和切近前技术时代的生理感知。由此来说，视听是一个最符合人性的传播手段、媒介手段和书写手段。所以信息视频化以及内容视频化的时代才刚刚开始，未来它会有无限的机遇。我们的视频网站、抖音、'爱优腾'以及 B 站全都是以视频为信息、以视听为主要手段的反映传播信息和传播内容的平台，所以说我们以视听为语言体系的黄金时代到来了。"

关于"大众参与",她介绍了自己2011年至2014年参与中央电视台财经频道大型纪录片《互联网时代》的创作经历和思考。

"我负责的那一集叫《崛起》,很巧跟现在的抖音不谋而合。所谓的'崛起'就是互联网平台消除了我们过去传统的等级观念,成为世界视频,成为一个大众的平台,也就是从大教堂变成了大广场、大舞台。在大舞台上,有无数涌动崛起的平凡的普通大众,其实正好就是抖音等短视频平台现在的样子。但那时候是在2011年,我们只是给互联网绘制了一幅图景,相对于现在来说比较苍白。那时还没有抖音,微博和微信也没有像现在这么普及,移动支付互联网金融也没有这么发达,但是那个时候各互联网的大咖都在充满着希冀和美好的幻想,都在不断地拥抱未来。现在看他们的很多想法都已经实现了……大众参与一定是未来的一个发展趋势,它改变了我们的教育、我们的信息获取、我们的新闻传播以及我们的艺术创作。"

第三个关键词是"纪录理念转向"。作为纪录片创作人,赵曦认为抖音以及所有的大众参与的视频书写,改变了纪录片创作的理念,就是由历时性变成了共时性。她以纪录片《人类》(扬·阿尔蒂斯－贝特朗导演)、《浮生一日》(凯文·麦克唐纳导演)和清华大学清影工作室剪辑的《手机里的武汉新年》等彰显共时性的纪录片为例,指出它们完全颠覆了过往的创作理念,就是从历时性变成了共时性,从瞬间变成了永恒。"大众参与的视听书写在一定程度上消除了缺席或不在场的遗憾,打破了业余与专业的隔阂,能让瞬间变成永恒,由此赋予即时影像以新的创作理念。"

当然她也表示了自己的忧虑,即短视频平台有不少浅薄、低俗的内容,承载了现代青年人的一些漂浮和焦虑。所以她建议增加一些优质账号,或者利用现有用户的碎片内容创造一些具有深远意义和深层思考的完整作品。

时任北京师范大学艺术与传媒学院院长助理、教授杨乘虎认为,"DOU艺计划"拉开了一个人人都是艺术家的航标大幕。他回顾表示,过往很多人耻于谈论艺术,现在的问题是:"如果我们确认前面的那样一个耻于谈艺术的时代确实曾经存在过,那么我们今天是不是可以面对乐于进行艺术表达与创造的现实。这样的一个阶段、这样的平台和这样的时代,是否已然摆在我们面前?!"

基于这个问题,他的第一个命题是,"在今天以抖音为代表的短视频中间,在它们所倡导的大众生活美学的实践中,我们是否能看到对'何以为美'这种内涵的拓展和外延的尊重?我们是不是也能就此而去探索如何审美的百姓实践?"

他认为"DOU 艺计划"真正想表达的是:"让我们所有人能够面对这个时代来表达自己,如果他能够艺术化地表达自己,审美化地表达自己与他人、与这个世界的关系,那么我认为'人人都是艺术家'实践的背后确实是这个时代中国人民的一种美好创造。这样的一种创造,构成了一个接近于美的表达,也就是多义的、丰富的、基于多种实践主体和我们普通人的美的表达。"

他的第二个命题是,美的结果被美的过程所取代。"今天我们看到的短视频的审美,确实实现了面对面(face to face)、跟随模仿(follow)、时尚(fashion)、闪光点(flash)和旗帜(flag)的特点和作用,向美、向善、向上,以美的名义、以时代的名义在推进一项时尚的行动,具备闪光点,树立了一面旗帜,插在了天际线,或者矗立在了地平线上。"

他指出:"如果说它的艺术标志还是仅仅满足于天际线,希望大家都能成为精英的艺术家,我想我们可能要对它做出另外的赞赏,但如果说它真能在三年五载的时间跨度里,在当下中国的山川和城市、乡村和田野里面,在地平线上面实践了美的创造、艺术的表达与审美的生活,我认为还是要给它更加积极的肯定,并且通过这种肯定来凝聚更多的积极的力量,让肤浅的、另类的再往下沉一点,再往外走一点,而让更好的、向上的、向善的、向美的这种资源和人才汇聚到这里,点亮我们的生活,构建起我们多位专家所提到的在日常的碎片化收视里面得到眼睛的滋养和注意力的滋养,以至于最终我们即便不是真正的艺术家,但我们拥有了一双懂得和欣赏美的眼睛。"

中国人民大学艺术学院副院长、教授顾亚奇分享的题目叫《新常态与新生态,面向未来用户的实体变革》。他认为,短视频和直播平台的社交属性和审美风尚,让全代际的影像生产者都能分享各自审美风格的创作体验，不同的生活美学空间彼此交融、增益，进一步推动了艺术的大众创造与万众创新。

他把未来节点设定为2035年，就现在至2035年这个时间度，畅谈了自己的观点和考虑。他认为，视听产品已经成为文化消费的主流与引流口，不管是网络电影也好，还是网络综艺也罢，大量精神产品是靠视听产品支撑起来的。"也就是说我们的阅读时代已经进入了所谓'无图无真相，无视频无真相'的时代。我们今天获得的大量信息是通过视听产品得来的，这是一个主流的解释和新常态的判断。"

他把短视频与直播内容的形态演变总结为人本化、人文化、日常化，指出大量打动我们情感的其实是带有温情的、带有烟火气的东西，比如说刚解封时的武汉的一些短视频。

关于"新常态下他者想象与社会生活共同体的当下书写"，他表示，今天我们有双重身份存在于这个世界，一个是在现实时空，一个是在虚拟空间。在双重世界里，我们每天刷的是存在感，或者是你在偷窥别人的世界。每个人的他人想象、他文化差异性的场景，一起建构了群体社会生活共同体的当下雏形。换一个视角，这种共同书写其实就构成了未来的影像艺术，这是未来研究历史的重要史料。

面向未来，他认为抖音等短视频平台要思考三个问题：短视频平台是技术平台，但平台的核心依然是内容，打造它面向未来的内容生态，应该是从个体的愉悦走向群体赋能经济社会的发展；面向未来用户，要思考如何与用户引领公众一起成长，也就是进行公众美育，公众整体美育素质的提升关乎民族未来；要更聚焦核心问题，聚焦价值重塑和价值引领的问题，也就是用绿色、健康、均衡促进高质量发展，实现价值内涵的提升，规避人工智能算法客观造成的信息孤岛等。

附录 2：《网络短视频平台管理规范》

一、总体规范

1. 开展短视频服务的网络平台，应当持有《信息网络传播视听节目许可证》（AVSP）等法律法规规定的相关资质，并严格在许可证规定的业务范围内开展业务。

2. 网络短视频平台应当积极引入主流新闻媒体和党政军机关团体等机构开设账户，提高正面优质短视频内容供给。

3. 网络短视频平台应当建立总编辑内容管理负责制度。

4. 网络短视频平台实行节目内容先审后播制度。平台上播出的所有短视频均应经内容审核后方可播出，包括节目的标题、简介、弹幕、评论等内容。

5. 网络平台开展短视频服务，应当根据其业务规模，同步建立政治素质高、业务能力强的审核员队伍。审核员应当经过省级以上广电管理部门组织的培训，审核员数量与上传和播出的短视频条数应当相匹配。原则上，审核员人数应当在本平台每天新增播出短视频条数的千分之一以上。

6. 对不遵守本规范的，应当实行责任追究制度。

二、上传合作账户管理规范

1. 网络短视频平台对在本平台注册账户上传节目的主体，应当实行实名认证管理制度。对机构注册账户上传节目的（简称 PGC），应当核实其组织机构代码证等信息；对个人注册账户上传节目的（简称 UGC），应当核实身份证等个人身份信息。

2. 网络短视频平台对在本平台注册的机构账户和个人账户，应当与其先签署体现本《规范》要求的合作协议，方可开通上传功能。

3. 对持有《信息网络传播视听节目许可证》的 PGC 机构，平台应当监督其上传的节目是否在许可证规定的业务范围内。对超出许可范围上传节目的，应当停止与其合作。未持有《信息网络传播视听节目许可证》的PGC机构上传的节目，只能作为短视频平台的节目素材，供平台审查通过后，在授权情况下使用。

4.网络短视频平台应当建立"违法违规上传账户名单库"。一周内三次以上上传含有违法违规内容节目的UGC账户，及上传重大违法内容节目的UGC账户，平台应当将其身份信息、头像、账户名称等信息纳入"违法违规上传账户名单库"。

5.各网络短视频平台对"违法违规上传账户名单库"实行信息共享机制。对被列入"违法违规上传账户名单库"中的人员，各网络短视频平台在规定时期内不得为其开通上传账户。

6.根据上传违法节目行为的严重性，列入"违法违规上传账户名单库"中的人员的禁播期，分别为一年、三年、永久三个档次。

三、内容管理规范

1.网络短视频平台在内容版面设置上，应当围绕弘扬社会主义核心价值观，加强正向议题设置，加强正能量内容建设和储备。

2.网络短视频平台应当履行版权保护责任，不得未经授权自行剪切、改编电影、电视剧、网络电影、网络剧等各类广播电视视听作品；不得转发UGC上传的电影、电视剧、网络电影、网络剧等各类广播电视视听作品片段；在未得到PGC机构提供的版权证明的情况下，也不得转发PGC机构上传的电影、电视剧、网络电影、网络剧等各类广播电视视听作品片段。

3.网络短视频平台应当遵守国家新闻节目管理规定，不得转发UGC上传的时政类、社会类新闻短视频节目；不得转发尚未核实是否具有视听新闻节目首发资质的PGC机构上传的时政类、社会类新闻短视频节目。

4.网络短视频平台不得转发国家尚未批准播映的电影、电视剧、网络影视剧中的片段，以及已被国家明令禁止的广播电视节目、网络节目中的片段。

5.网络短视频平台对节目内容的审核，应当按照国家广播电视总局和中国网络视听节目服务协会制定的内容标准进行。

四、技术管理规范

1.网络短视频平台应当合理设计智能推送程序,优先推荐正能量内容。

2.网络短视频平台应当采用新技术手段,如用户画像、人脸识别、指纹识别等,确保落实账户实名制管理制度。

3.网络短视频平台应当建立未成年人保护机制,采用技术手段对未成年人在线时间予以限制,设立未成年人家长监护系统,有效防止未成年人沉迷短视频。

注:2019年1月9日《网络短视频平台管理规范》正式发布。

来源:中国网络视听节目服务协会

附录3：修订版《网络短视频内容审核标准细则》（2021）

为提升短视频内容质量，遏制错误虚假有害内容传播蔓延，营造清朗网络空间，根据国家相关法律法规、《互联网视听节目服务管理规定》和《网络视听节目内容审核通则》，制定本细则。

一、网络短视频内容审核基本标准

（一）《互联网视听节目服务管理规定》第十六条所列10条标准。

（二）《网络视听节目内容审核通则》第四章第七、八、九、十、十一、十二条所列94条标准。

二、网络短视频内容审核具体细则

依据网络短视频内容审核基本标准，短视频节目及其标题、名称、评论、弹幕、表情包等，其语言、表演、字幕、画面、音乐、音效中不得出现以下具体内容：

（一）危害中国特色社会主义制度的内容

比如：

1.攻击、否定、损害、违背中国特色社会主义的指导思想和行动指南的；

2.调侃、讽刺、反对、蔑视马克思主义中国化的最新理论成果和指导地位的；

3.攻击、否定中国特色社会主义最本质的特征的，攻击、否定、弱化党中央的核心、全党的核心地位的；

4.脱离世情国情党情，以一个阶段党和国家的发展历史否定另一个阶段党和国家的发展历史，搞历史虚无主义的；

5.有违中共中央关于党的百年奋斗重大成就和历史经验的决议的，对新中国成立以来党和国家所出台的重大方针政策，所推出的重大举措，所推进的重大工作进行调侃、否定、攻击的；

6.对宪法等国家重大法律法规的制定、修订进行曲解、否定、攻击、谩骂，或对其中具体条款进行调侃、讽刺、反对、歪曲的；

7. 以娱乐化方式篡改、解读支撑中国特色社会主义制度的根本制度、基本制度、重要制度，对其中的特定名词称谓进行不当使用的；

（二）分裂国家的内容

比如：

8. 反对、攻击、曲解"一个中国""一国两制"的；

9. 体现台独、港独、藏独、疆独等的言行、活动、标识的，包括影像资料、作品、语音、言论、图片、文字、反动旗帜、标语口号等各种形式（转播中央新闻单位新闻报道除外）；

10. 持有台独、港独、藏独、疆独等分裂国家立场的艺人及组织团体制作或参与制作的节目、娱乐报道、作品宣传的；

11. 对涉及领土和历史事件的描写不符合国家定论的；

（三）损害国家形象的内容

比如：

12. 贬损、玷污、恶搞中国国家和民族的形象、精神和气质的；

13. 以焚烧、毁损、涂划、玷污、践踏、恶搞等方式侮辱国旗、国徽的，在不适宜的娱乐商业活动等场合使用国旗、国徽的；

14. 篡改、恶搞国歌的，在不适宜的商业和娱乐活动中使用国歌，或在不恰当的情境唱奏国歌，有损国歌尊严的；

15. 截取党和国家领导人讲话片段可能使原意扭曲或使人产生歧义，或通过截取视频片段、专门制作拼凑动图等方式，歪曲放大展示党和国家领导人语气语意语态的；

16. 未经国家授权或批准，特型演员和普通群众通过装扮、模仿党和国家领导人形象，参加包括主持、表演、演讲、摆拍等活动，谋取利益或哗众取宠产生不良影响的（依法批准的影视作品或文艺表演等除外）；

17. 节目中人物穿着印有党和国家领导人头像的服装鞋帽，通过抖动、折叠印有头像的服装鞋帽形成怪异表情的；

（四）损害革命领袖、英雄烈士形象的内容

比如：

18. 抹黑、歪曲、丑化、亵渎、否定革命领袖、英雄烈士事迹和精神的；

19. 不当使用及恶搞革命领袖、英雄烈士姓名、肖像的；

（五）泄露国家秘密的内容

比如：

20. 泄露国家各级党政机关未公开的文件、讲话的；

21. 泄露国家各级党政机关未公开的专项工作内容、程序与工作部署的；

22. 泄露国防、科技、军工等国家秘密的；

23. 私自发布有关党和国家领导人的个人工作与生活信息、党和国家领导人家庭成员信息的；

（六）破坏社会稳定的内容

比如：

24. 炒作社会热点，激化社会矛盾，影响公共秩序与公共安全的；

25. 传播非省级以上新闻单位发布的灾难事故信息的；

26. 非新闻单位制作的关于灾难事故、公共事件的影响、后果的节目的；

（七）损害民族与地域团结的内容

比如：

27. 通过语言、称呼、装扮、图片、音乐等方式嘲笑、调侃、伤害民族和地域感情、破坏安定团结的；

28. 将正常的安全保卫措施渲染成民族偏见与对立的；

29. 传播可能引发误解的内容的；

30. 对独特的民族习俗和宗教信仰猎奇渲染，甚至丑化侮辱的；

31. 以赞同、歌颂的态度表现历史上民族间征伐的残酷血腥战事的；

（八）违背国家宗教政策的内容

比如：

32. 展示宗教极端主义、极端思想和邪教组织及其主要成员、信徒的活动，以及他们的"教义"与思想的；

33. 不恰当地比较不同宗教、教派的优劣，可能引发宗教、教派之间矛盾和冲突的；

34.过度展示和宣扬宗教教义、教规、仪式内容的；

35.将宗教极端主义与合法宗教活动混为一谈，将正常的宗教信仰与宗教活动渲染成极端思想与行动，或将极端思想与行动解释成正常的宗教信仰与宗教活动的；

36.戏说和调侃宗教内容，以及各类恶意伤害民族宗教感情言论的；

（九）传播恐怖主义的内容

比如：

37.表现境内外恐怖主义组织的；

38.详细展示恐怖主义行为的；

39.传播恐怖主义及其主张的；

40.传播有目的、有计划、有组织通过自焚、人体炸弹、打砸抢烧等手段发动的暴力恐怖袭击活动视频（中央新闻媒体公开报道的除外），或转发对这些活动进行歪曲事实真相的片面报道和视频片段的；

（十）歪曲贬低民族优秀文化传统的内容

比如：

41.篡改名著、歪曲原著精神实质的；

42.颠覆经典名著中重要人物人设的；

43.违背基本历史定论，任意曲解历史的；

44.对历史尤其是革命历史进行恶搞或过度娱乐化表现的；

（十一）恶意中伤或损害人民军队、国安、警察、行政、司法等国家公务人员形象和共产党党员形象的内容

比如：

45.恶意截取执法人员执法工作过程片段，将执法人员正常执法营造成暴力执法效果的；

46.传播未经证实的穿着军装人员打架斗殴、集会、游行、抗议、上访的，假冒人民军队、国安、警察、行政、司法等国家公务人员的名义在公开场合招摇撞骗、蛊惑人心的；

47.展现解放军形象时用语过度夸张，存在泛娱乐化问题的；

（十二）美化反面和负面人物形象的内容

比如：

48. 为包括吸毒嫖娼在内的各类违法犯罪人员及黑恶势力人物提供宣传平台，着重展示其积极一面的；

49. 对已定性的负面人物歌功颂德的；

（十三）宣扬封建迷信，违背科学精神的内容

比如：

50. 开设跳大神、破太岁、巫蛊术、扎小人、道场作法频道、版块、个人主页，宣扬巫术作法等封建迷信思想的；

51. 鼓吹通过法术改变人的命运的；

52. 借民间经典传说宣扬封建迷信思想的；

（十四）宣扬不良、消极颓废的人生观、世界观和价值观的内容

比如：

53. 宣扬流量至上、奢靡享乐、炫富拜金等不良价值观，展示违背伦理道德的糜烂生活的；

54. 展现"饭圈"乱象和不良粉丝文化，鼓吹炒作流量至上、畸形审美、狂热追星、粉丝非理性发声和应援、明星绯闻丑闻的；

55. 宣传和宣扬丧文化、自杀游戏的；

56. 展现同情、支持婚外情、一夜情的；

（十五）渲染暴力血腥、展示丑恶行为和惊悚情景的内容

比如：

57. 表现黑恶势力群殴械斗、凶杀、暴力催债、招募打手、雇凶杀人等猖狂行为的；

58. 细致展示凶暴、残酷、恐怖、极端的犯罪过程及肉体、精神虐待的；

59. 细致展示吸毒后极度亢奋的生理状态、扭曲的表情，展示容易引发模仿的各类吸毒工具与吸毒方式的；

60. 细致展示恶俗行为、审丑文化的；

61. 细致展示老虎机、推币机、打鱼机、上分器、作弊器等赌博器具，以及千术、反千术等赌博技巧与行为的；

62. 展现过度的生理痛苦、精神歇斯底里，对普通观看者可能造成强烈感官和精神刺激，从而引发身心惊恐、焦虑、厌恶、

恶心等不适感的画面、台词、音乐及音效的；

63. 宣扬以暴制暴，宣扬极端的复仇心理和行为的；

（十六）展示淫秽色情，渲染庸俗低级趣味，宣扬不健康和非主流的婚恋观的内容

比如：

64. 具体展示卖淫、嫖娼、淫乱、强奸等情节的，直接展示性行为，呻吟、叫床等声音、特效的；

65. 视频中出现以淫秽色情信息为诱饵进行导流的；

66. 以猎奇宣扬的方式对"红灯区"、有性交易内容的夜店、洗浴按摩场所进行拍摄和展现的；

67. 表现和展示非正常的性关系、性行为的；

68. 展示和宣扬不健康、非主流的婚恋观和婚恋状态的；

69. 以单纯感官刺激为目的，集中细致展现接吻、爱抚、淋浴及类似的与性行为有关的间接表现或暗示的,有明显的性挑逗、性骚扰、性侮辱或类似效果的画面、台词、音乐及音效的，展示男女性器官，或仅用肢体掩盖或用很小的遮盖物掩盖人体隐秘部位及衣着过分暴露的；

70. 使用粗俗语言，展示恶俗行为的；

71. 以隐晦、低俗的语言表达使人产生性行为和性器官联想的内容的；

72. 以成人电影、情色电影、三级片被审核删减内容的影视剧的"完整版""未删减版""未删节版""被删片段""汇集版"作为视频节目标题、分类或宣传推广的；

73. 以偷拍、走光、露点及各种挑逗性、易引发性联想的文字或图片作为视频节目标题、分类或宣传推广的；

（十七）侮辱、诽谤、贬损、恶搞他人的内容

比如：

74. 侮辱、诽谤、贬损、恶搞历史人物及其他真实人物的形象、名誉的；

75. 贬损、恶搞他国国家领导人，可能引发国际纠纷或造成不良国际影响的；

76. 侮辱、贬损他人的职业身份、社会地位、身体特征、健

康状况的；

（十八）有悖于社会公德，格调低俗庸俗，娱乐化倾向严重的内容

比如：

77.以恶搞方式描绘重大自然灾害、意外事故、恐怖事件、战争等灾难场面的；

78.以肯定、赞许的基调或引人模仿的方式表现打架斗殴、羞辱他人、污言秽语的；

79.内容浅薄，违背公序良俗，扰乱公共场所秩序的；

80.以虚构慈善捐赠事实、编造和渲染他人悲惨身世等方式，传播虚假慈善、伪正能量的；

（十九）不利于未成年人健康成长的内容

比如：

81.表现未成年人早恋的，以及抽烟酗酒、打架斗殴、滥用毒品等不良行为的；

82.人物造型过分夸张怪异，对未成年人有不良影响的；

83.利用未成年人制作不良节目的；

84.侵害未成年人合法权益或者损害未成年人身心健康的；

（二十）宣扬、美化历史上侵略战争和殖民史的内容

比如：

85.宣扬法西斯主义、极端民族主义、种族主义的；

86.是非不分，立场错位，无视或忽略侵略战争中非正义一方的侵略行为，反而突出表现正义一方的某些错误的；

87.使用带有殖民主义色彩的词汇、称谓、画面的；

（二十一）其他违反国家有关规定、社会道德规范的内容

比如：

88.将政治内容、经典文化、严肃历史文化进行过度娱乐化展示解读，消解主流价值，对主流价值观"低级红、高级黑"的；

89.从事反华、反党、分裂、邪教、恐怖活动的特定组织或个人制作或参与制作的节目，及其开设的频道、版块、主页、账号的；

90.违规开展涉及政治、经济、军事、外交，重大社会、文化、

科技、卫生、教育、体育以及其他重要敏感活动、事件的新闻采编与传播的;

91. 违法犯罪、丑闻劣迹者制作或参与制作的节目,或为违法犯罪、丑闻劣迹者正名的;

92. 违规播放国家尚未批准播映的电影、电视剧、网络影视剧的片段,尚未批准引进的各类境外视听节目及片段,或已被国家明令禁止的视听节目及片段的;

93. 未经授权自行剪切、改编电影、电视剧、网络影视剧等各类视听节目及片段的;

94. 侵犯个人隐私,恶意曝光他人身体与疾病、私人住宅、婚姻关系、私人空间、私人活动的;

95. 对国家有关规定已明确的标识、呼号、称谓、用语进行滥用、错用的;

96. 破坏生态环境,虐待动物,捕杀、食用国家保护类动物的;

97. 展示个人持有具有杀伤力的危险管制物品的;

98. 引诱教唆公众参与虚拟货币"挖矿"、交易、炒作的;

99. 在节目中植入非法、违规产品和服务信息,弄虚作假误导群众的;

100. 其他有违法律、法规和社会公序良俗的。

注:2019年1月9日《网络短视频内容审核标准细则》100条正式发布,2021年12月15日修订版发布《网络短视频内容审核标准细则》(2021)发布。

来源:中国网络视听节目服务协会

后 记

中国网络短视频的发展前景是非常光明的，随着移动互联网和智能手机的普及，以及5G技术的快速发展，网络短视频的产生和传播条件持续改善，使得更多的用户和创作者可以更容易地创作和分享短视频。由于短视频短小精悍的特点非常符合现代人快节奏的生活方式，这使得短视频在社交媒体和在线教育等领域都有广阔的应用前景。同时，与长视频相比，短视频的生产成本较低，创新空间更大，这使得更多的个人和团体有机会参与到短视频的创作中来，推动了短视频内容的多元化发展。

尤为重要的是，网络短视频的商业化前景也十分看好。通过广告植入、品牌合作、电商直播等形式，短视频正在成为一种新的商业模式，为企业和创作者带来了新的盈利途径。

虽然前景看好，但网络短视频的发展也面临一些挑战，如内容质量、版权保护、用户隐私保护等问题。因此，要实现持续健康发展，还需要行业内部和社会各方共同努力。

本书主要深入探讨了中国网络短视频的各种案例类型，包括娱乐、教育、新闻、生活分享等。其中涵盖了许多短视频平台，例如抖音、快手等。我们努力为读者揭示这个现象背后的社会文化动态，以及网络短视频如何塑造我们的交流方式和社会生活。

在这本书的写作过程中，我们深感时代的脚步迅猛而不可追赶，技术的迭代更新速度之快，往往瞬息万变，给人的印象尤为深刻。在这样一个飞速发展的背景下，尽管我们竭尽全力去记录和分析，但仍然意识到，我们的研究可能无法完全覆盖到每一个新兴的领域和创新的技术。

然而，正是这种时代的挑战和个人视角的局限，使得本书的学术研究显得更加珍贵。我们希望通过我们的努力，能够为这个领域提供一个观察和思考的窗口，即使无法囊括一切，也能够为后来者提供一个研究的起点，激发更多的探索和讨论。

学术研究是一个随着时代发展而不断进化的过程，我们期待本书能够成为抛砖引玉的一环，启发更多的学者和创作者共同参与到这一充满活力的研究领域中来，共同推动短视频艺术和学术的发展。在这本书的成书过程中，我们深深地感激那些我们所引用的研究方向和案例分析的原始作者们。他们的辛勤工作和卓越贡献为我们的研究提供了坚实的基础和丰富的灵感。每一篇论文、每一个案例，都是他们对知识探求的见证，也是对未来探索的启示。在此，我们向所有被引用和参考的学者和创作者们表示最深的敬意和感激。你们的智慧和努力是这个领域不可或缺的宝贵财富，也是驱动这本书完成的重要力量。感谢你们与广大读者和我们一同分享这段探索和发现的旅程。

在本书中，我们大量使用了网络上的插图和截图，这些视觉元素无疑极大地丰富了本书的内容，并使得各个主题和观点得以更生动、更直观地展现。在此，我们希望向所有这些图像的创作者表达最深的感谢。这些插图在丰富和深化读者的阅读体验方面起到了不可替代的作用。

最后，再次感谢你们的阅读和支持。希望你们能从这本书中得到启发，并愿意继续探索网络短视频的魅力。相信无论我们身在何处，都可以通过网络短视频相互连接，分享我们的生活、故事和理想。

宋　靖　毕　贺